Mechanism of Melatonin Priming Regulating Root Hydraulic Conductivity of Winter Wheat Seedlings under Combined Drought and Salt Stress

干旱—盐复合胁迫下褪黑素引发对冬小麦幼苗根系导水率的调控机制

李鹏慧　刘战东　李　迎　高　阳　付媛媛　著

中国农业科学技术出版社

图书在版编目（CIP）数据

干旱—盐复合胁迫下褪黑素引发对冬小麦幼苗根系导水率的调控机制 / 李鹏慧等著 . -- 北京 : 中国农业科学技术出版社，2025. 7. -- ISBN 978-7-5116-7516-3

Ⅰ. S512.1

中国国家版本馆 CIP 数据核字第 20251VG203 号

责任编辑 李　华
责任校对 李向荣
责任印制 姜义伟　王思文

出 版 者 中国农业科学技术出版社
北京市中关村南大街 12 号　　邮编：100081
电　　话（010）82109708（编辑室）　（010）82106624（发行部）
（010）82109709（读者服务部）
网　　址 https: // castp.caas.cn
经 销 者 各地新华书店
印 刷 者 北京建宏印刷有限公司
开　　本 170 mm × 240 mm　1/16
印　　张 6.25
字　　数 106 千字
版　　次 2025 年 7 月第 1 版　　2025 年 7 月第 1 次印刷
定　　价 65.00 元

内容提要

本书针对干旱和盐分胁迫降低作物根系导水率与抑制作物生长的问题，研究褪黑素引发对干旱—盐复合胁迫下冬小麦根系特征及根系导水率的调控机制。干旱、盐分以及干旱—盐胁迫处理后，分析了冬小麦根系形态、根系解剖结构、根系活性、根和叶片的离子含量、根和叶片的抗氧化酶活性、根和叶片的渗透调节物质以及根系导水率等生理生化指标；利用冗余分析和路径分析等，解析根系导水率与上述相关生理指标之间的关系；褪黑素引发后，分析这些生理指标变化差异，与无引发和水引发处理下相比，研究褪黑素引发对根系导水率的调控，为冬小麦耐盐抗旱能力提升提供理论依据与数据支撑。

本书可供研究冬小麦在干旱—盐复合胁迫下的生理响应以及冬小麦高质高效栽培的科研人员阅读，也可供高等农业院校相关专业师生与农业科技人员参考。

前　言

干旱和盐渍化是制约干旱、半干旱区农业生产的关键因素。提升植物的抗旱耐盐能力，对于维持作物生长发育和促进农业生产的可持续发展均具有重要意义。根系是植物直接与土壤接触的器官，可感知环境的变化并做出响应。根系导水率表征根系运输传导水分的能力，调控根系导水率有助于提升作物抵御胁迫的能力。

本书以冬小麦为研究对象，设置干旱胁迫（2% PEG6000+Hoagland营养液）、盐分胁迫（0.1% NaCl+Hoagland营养液）和干旱—盐复合胁迫（2% PEG6000+0.1% NaCl+Hoagland营养液）3种胁迫处理以及对照处理（Hoagland营养液），研究褪黑素引发对干旱—盐复合胁迫下冬小麦幼苗根系导水率的响应机制。研究发现，干旱、盐分胁迫以及干旱—盐复合胁迫降低了冬小麦幼苗根系导水率，严重抑制了冬小麦幼苗的生长，褪黑素引发则显著增加了单株根系导水率和理论根系导水率。深入分析发现，根系导水率降低导致冬小麦幼苗根组织中对氮和钾的吸收减少，渗透调节物质可溶性糖和脯氨酸含量增加，根组织中SOD和CAT活性显著增加。而褪黑素引发显著提升了冬小麦幼苗根系导水率，促进了小麦幼苗对氮和钾的吸收并降低了Na^+的吸收，增加了根系可溶性蛋白质的含量和POD活性，并降低了MDA含量，促进了冬小麦幼苗生长的恢复。本研究为理解干旱与盐双重胁迫对作物生理及其根系导水率的影响机制以及褪黑素引发对其调控提供了新的思路。

本书由中国农业科学院农田灌溉研究所李鹏慧、刘战东、李迎、高阳、付媛媛负责撰写和统稿工作。在课题研究以及书稿撰写中，得到了马守田、秦安振、司转运、梁悦萍、李森、宁东峰等同行的大力支持。另外，本书撰写过程中还参考和引用了大量的国内外相关文献。在此，谨向为本书的完成提供大力支持和帮助的单位、所有研究人员和参考文献的作者表示衷心的感谢！此外，有些英文为行业术语，本书中未作翻译。

由于著者水平有限，书中存在的不妥之处，敬请读者批评指正。

著　者

2025年4月

目　录

1　绪　论

1.1　研究背景及意义

干旱和土壤盐渍化是全球农业生产面临的巨大挑战。作物对干旱和盐胁迫的反应不仅与水资源的高效利用有关，同时也涉及粮食生产安全。因此，水分因素在农业生产中显得尤为重要（夏爱，2001）。在干旱、半干旱地区，由于降水量少且在年内非均匀性分布，作物经常遭受不同程度的水分胁迫，尤其是严重的土壤干旱，极大制约了作物的生长发育和生产力的提升。在盐渍化地区，由于降水量少，不足以从土壤的剖面中浸出离子时，盐分会在土壤中积累，因此，水分的短缺常伴随着盐胁迫的发生（袁婕，2019）。在长期进化的过程中，植物也建立起有效的适应性以及防御非生物胁迫的机制。

小麦是重要的粮食作物，全球约有70%的小麦种植于干旱、半干旱地区（李刚 等，2023）。新疆地处西北内陆干旱地区，其小麦种植面积约占农作物播种面积的17%（李国柱，2020）。特殊的自然环境使新疆地区的土壤盐渍化逐年升高，成为我国盐渍土分布面积最大的省（区）。小麦属于中度耐盐作物，适度的盐分和水分胁迫可以促进种子萌发、幼苗生长，提高产量，但当超过小麦耐盐的临界土壤盐分含量0.4%或其耐旱阈值以后（于崧 等，2019），小麦生长发育将受到抑制。萌芽和幼苗期的小麦对水分缺乏及盐分危害较为敏感，水分不足、土壤盐分含量高均会影响小麦的出苗、生长以及幼苗的成活率，进而给小麦产量的形成带来较大的损失（刘彬彬，2008）。

根系是作物直接接触土壤的器官，当土壤水分不足、盐分含量高时，根系的生长发育最先受到影响，进而影响作物地上部的生长。此时，植物根系吸收传导水分和养分的能力对植物的生长状况起决定作用（付媛媛 等，2023）。根系导水率表征根系运输传导水分的能力，是根系感受土壤环境变化的最直接的生理指标（Canales et al.，2021）。在干旱或盐分含量较高时，易发生土壤水分不足或由于植物根系水势高于土壤水势，不利于根系吸水，此时保证作物较高的根系导水率是作物在逆境中正常生长的关键因素之一。因此，在盐碱地区和干旱、半干旱地区的农业生产中，深入了解作物幼苗根系吸水能力对水盐胁迫的响应及其调控机制显得尤为重要。

褪黑素（Melatonin，化学名称为N-乙酰-5-甲氧基色胺）是一种广泛存在于动植物体内的信号分子，是抗氧化很强的内源性自由基清除剂（Khan et al.，2020）。施用外源褪黑素可以促进干旱胁迫下冬小麦幼苗的根系生长和生物量，以及维持叶片较高相对含水率，增加冬小麦的抗氧化酶活性，降低过氧化氢和丙二醛（MDA）含量及盐分胁迫下棉花幼苗茎秆的水力损失百分比（叶君 等，2015；孙文君，2021）。褪黑素的抗旱和缓解盐胁迫的作用已有报道，但其研究结果还存在很大的局限性，一是已有研究多集中于地上部分，对地下部的根系结构及根系吸收能力的研究较少；二是单一干旱或盐胁迫的研究较多，而关于干旱—盐复合胁迫对作物生长影响的研究较少，尤其是根系方面。因此，本研究针对干旱—盐复合胁迫降低作物根系导水率与抑制作物生长的问题，研究褪黑素引发对干旱—盐复合胁迫下冬小麦根系特征及根系导水率的调控机制。研究结果可为冬小麦耐盐、耐旱能力提升提供理论依据与数据支撑。

1.2　国内外研究进展

1.2.1　干旱和盐胁迫对作物的伤害

干旱和盐分作为作物主要的非生物逆境因子，尤其在干旱和半干旱地区以及灌溉农业中危害显著，严重影响作物生长和农业生产。小麦、大豆等C3作物对干旱敏感，中度干旱可导致单产下降10%～30%，重度干旱则可能引发50%以上的减产。例如，甘肃旱情导致玉米、马铃薯等作物减产超40%，部分区域绝收。据统计，目前盐胁迫影响了约8亿hm^2的土地，占世界陆地总面积的6.5%，目前2.3亿hm^2的灌溉土地中，已导致了4 500万hm^2（19.5%）

的盐碱化。因此，干旱和盐胁迫严重威胁着农业和粮食安全。

1.2.1.1 干旱对作物的伤害

干旱对作物造成的伤害主要是脱水，即作物对水分的吸收量低于蒸腾量，细胞内膨压降低，进而细胞的分裂、伸长和扩展受到限制，最终导致叶面积减小、叶片卷曲直至萎蔫（白燕丹，2021），进行光合作用的面积减少，光合产物降低，影响产量的形成。另外，根长、平均根直径、根表面积和根体积均会受到影响（李威，2019）。耐旱型小麦在干旱条件下通过提高自身根系活力提升吸水能力，将根系生长量保持在一个较高的水平来补偿吸收面积降低带来的损失，地上部叶片便可进行高效的光合作用来适应干旱对植株的负面影响（陈晓远 等，2003）。干旱条件下，作物细胞内积累大量的脯氨酸、甜菜碱和糖类等渗透调节物质来调节细胞的渗透势，避免过度失水，保持水势平衡。

（1）干旱对光合作用的影响。作物的光合作用过程对干旱胁迫最为敏感（Lama et al.，2023），这主要通过净光合速率、蒸腾速率、气孔导度、水分利用效率等指标来反映。叶片净光合速率主要用来反映单位叶面积的物质生产力，一般情况下，干旱胁迫会减弱作物的光合作用，降低净光合速率。土壤含水量会直接影响叶片的水分亏缺程度，作物通过气孔从而影响蒸腾速率。作物受到干旱胁迫时会伴随着高温辐射，因此气孔完全关闭并不能完全适应逆境环境，而作物蒸腾作用有利于降温，故少量的蒸腾丢失会有益于作物的生长（Javed et al.，2022）。一般地，当作物受到干旱胁迫时，在降低光合速率的同时，也会引起作物蒸腾速率的下降。气孔是作物与外界进行水气交换的重要通道，其大小、密度及数量会对作物的光合作用和蒸腾作用产生影响（Lama et al.，2023）。干旱胁迫下作物体会受到伤害，引起气孔关闭，叶片萎蔫。不同作物品种的抗旱性也有所不同，其气孔导度在干旱胁迫下受影响的程度也有所不同，研究发现抗旱性越强的作物品种，干旱胁迫下气孔导度下降的幅度越大。植物水分利用效率（WUE）是评价作物生长适宜程度的综合生理指标，从叶片尺度上来说，WUE是光合速率和蒸腾速率的比值，光合速率和蒸腾速率是决定植物WUE的关键因素。研究表明，适当的水分亏缺可以提高作物WUE，因为土壤水分亏缺会降低作物的气孔导度和作物的蒸腾作用，故会明显提高作物的WUE（Yu et al.，2020a）。

叶绿素在光合作用的光能吸收、传递和转化中发挥着不可或缺的重要作用，叶绿素含量的变化反映了作物在干旱胁迫下的抵抗能力（Javed et al.，2022）。在干旱胁迫下，作物体内积累了大量的活性氧，导致膜结构发生变化，从而影响叶绿素含量的变化，因此，叶绿素含量的测定，可用来衡量作物的干旱适应能力。姚春娟等（2017）研究4种决明属植物在干旱胁迫下的光合作用与叶绿素含量发现，干旱胁迫下叶绿素含量与对照组相比有所增加，这可能是干旱使叶片的相对含水量降低，叶片的生长受到抑制，从而使叶片单位面积的叶绿素含量升高。但也有研究发现，栀子叶片的叶绿素含量随着胁迫时间的延长呈现先上升后下降的趋势，叶绿素含量在后期下降可能使干旱胁迫的程度加剧，叶绿体膜系统受到了不可逆的损伤（罗孟容，2021）。

（2）干旱对渗透调节的影响。渗透调节指的是作物在干旱胁迫下体内发生的溶质溶解的现象。一般情况下，渗透调节的作用可以概括为3点，一是保持细胞的膨压基本不发生变化；二是维持气孔的开放，确保光合作用的正常进行；三是维持植物体内相关酶的活性以及细胞膜的正常功能（罗孟容，2021）。植物体内的渗透调节物质不仅包括细胞体内的K^+、Na^+、Cl^-等，还包括淀粉、可溶性糖、可溶性蛋白、脯氨酸等植物自身合成的一些有机物。无机离子通常调节液泡渗透势，维持细胞膨压，在渗透调节中同样发挥着重要作用。研究发现，Na^+在沙漠旱生植物霸王和梭梭适应干旱生境中发挥着更突出的作用（Yao et al.，2023；Kang et al.，2014）。K^+的大量积累在文冠果和白刺花干旱胁迫下也发挥着重要的渗透调节作用（Hu et al.，2021）。

淀粉和可溶性糖是植物非结构性碳（NSC）的重要组成部分，其比例高达90%（Hoch et al.，2003）。可溶性糖与淀粉相比，其性质更加活跃，它不但是光合作用的产物同时还是一种渗透调节物质。梁文斌等（2016）研究干旱对大参的生理生化特性时发现，干旱胁迫会使植物叶片中的可溶性糖含量显著增加，以维持细胞的膨压。淀粉是植物体内最为常见的形式，它是一种具有较高渗透活性的多糖，能够在体内大量积累并稳定存在。有研究表明，干旱胁迫下NSC浓度与植物的抗逆能力存在紧密的联系（Hartmann et al.，2018）。O’Brien等（2015）等认为耐旱植物能够主动分配自身的NSC并加以利用，通过分解淀粉和可溶性糖来缓解干旱胁迫造成的不良反应。代崇雯（2021）研究表明，干旱胁迫下植物可溶性糖的含量与对照相比有所增加，植物淀粉的含量与对照相比显著降低。由此说明，植物体内的一部分淀粉分解成了可溶性糖，以增大细胞的渗透压而维持水分。

可溶性蛋白是渗透调节中的一种重要物质，一般情况下，干旱胁迫下可溶性蛋白含量会大幅增加，但不同物种植物的变化趋势各不一样。植物体内的可溶性蛋白含量在干旱胁迫加剧的过程中逐渐下降，其原因主要是大部分蛋白质的合成受到了抑制，同时干旱会诱导水孔蛋白、胚胎晚期丰富蛋白等特定蛋白质的合成来提高植物的抗逆性（Schwartz et al.，1994）。脯氨酸是植物中重要的渗透调节物质，同时也是植物蛋白质的组分之一，它主要以游离态存在。一般情况下，植物体内的脯氨酸含量较低，但当植物处于干旱胁迫时，它们能够主动积累脯氨酸以维持细胞膨压和各个器官的渗透能力而避免失水过度。李星（2020）和赵苹羽（2019）研究柽柳和红花风铃在干旱胁迫下的生长及生理响应均发现，较重程度的干旱胁迫能够通过增加植物体内的脯氨酸含量来提高自身的耐旱性。此外，脯氨酸还能够与蛋白质作用形成疏水骨架，维持生物膜的完整性。

（3）干旱对氧化还原系统的影响。活性氧（ROS）是在植物代谢过程中产生的不完全还原的氧，包括超氧自由基、羟自由基、过氧化氢、单线态氧等。正常情况下，植物体内活性氧的产生和清除处于动态平衡状态，但是，植物受到干旱胁迫时，其体内会产生大量的活性氧自由基，扰乱这种自我调节平衡，它们不仅会引发膜脂过化氧，还会造成蛋白质的损伤，破坏叶绿体结构，干扰代谢活动，最终导致细胞死亡（杨舒贻 等，2016）。

（4）干旱对植物内源激素含量的影响。植物内源激素对植物的生长发育及分化具有至关重要的作用，并且在植物响应非生物胁迫过程中，可以通过复杂的调控机制对植物进行保护。因此，植物内源激素的变化也成为衡量植物抗旱能力的重要生理指标之一。干旱胁迫引起的植物内源激素变化，尤以脱落酸（ABA）表现最为明显（Zareen et al.，2024）。干旱能够诱导ABA大量积累，调节干旱响应基因表达，进而使植物产生多个响应，提高植物的抗旱适应能力。ABA已被视为植物在“胁迫—感知—响应”路径中的逆境信号。ABA通过胞内信号转导，调控气孔关闭，减少蒸腾损失，减缓植物生长。拟南芥干旱胁迫响应研究中还发现，ABA作为信号分子参与调控了拟南芥的信号转导过程，并在该过程中发挥作用。此外，ABA还可调控保卫细胞离子通道活性、钙调蛋白及相关基因的表达。细胞分裂素（CTK）是干旱胁迫下的信号响应物质。水分亏缺时，植株体内ABA含量增加，CTK含量降低，CTK/ABA值降低，气孔导度也显著降低，ABA和CTK共同作用对气孔导度进行调节，进而对光合电子传递及光合速率等产生影响（Zhou et al.，2016b；Xu et al.，2021）。生长素（IAA）也可以协同调节气孔关闭。干旱胁迫下，不同植物IAA含量变化趋势不同。有研究发现，紫花苜蓿幼苗叶片中IAA含量随干旱强度增加而增加，但对降香黄檀幼苗的研究发现，IAA含量随干旱强度增加呈现下降趋势。甚至不同干旱强度下同一植物的IAA含量变化趋势也不尽相同（Pustovoitova et al.，2004）。云杉在轻度和中度水分亏缺下IAA含量呈上升趋势，而重度水分亏缺时呈下降趋势。赤霉素（GA）可以促进植株伸长生长，其含量变化也与干旱强度有关。轻度干旱有利于GA合成，中度及重度干旱抑制植株生长，进而GA含量显著降低（Xie et al.，2024）。

1.2.1.2 盐胁迫对作物的伤害

盐胁迫通过渗透胁迫、离子毒害和氧化损伤等多重机制对植物生长发育造成危害，主要表现为作物根系渗透势降低导致根系吸水困难、离子毒害形成的生理性缺水、细胞膨压丧失等，因此导致细胞稳态失衡和细胞死亡，此过程伴随植物体内活性氧（ROS）应急累积，引发膜脂过氧化，从而对作物的生理机能和正常的生长发育产生影响（Turhan et al.，2020；马绍英 等，2020）。

（1）离子失衡方面。盐胁迫下，细胞内Na^+和Cl^-含量增加，K^+浓度减低，打破了植物细胞内该有的高K^+、低Na^+的离子稳态平衡而造成离子毒害，并引起氮源阻碍，最终导致代谢紊乱和营养失衡（Zhou et al.，2024）。如盐胁迫下植物体细胞代谢紊乱，细胞膜结构破坏，透性增大，光合作用减弱，植物生长受到抑制等一系列伤害均是由高浓度的Na^+所致。大多数研究表明，钠离子主要通过抑制相关酶的活性对植物产生毒害作用，从而损害植物新陈代谢（Zhou et al.，2024）。而钾离子则是影响了诸如代谢、卡尔文循环和糖酵解等相关酶和生物大分子的合成。过量的Na^+会替换K^+进入植物细胞，减少植物对K^+的吸收，干扰细胞内Na^+/K^+的平衡。此外，氯离子对植物耐盐性也至关重要。一般认为氯离子这类氯化物的毒性能够损害植物的生理功能，但研究证实是氯离子所导致的营养素缺乏使植物生长受限。同时，Na^+的大量积累还会影响对Ca^{2+}的吸收，Ca^{2+}不足会破坏细胞膜的选择透过性以及阻碍细胞膜上的信号转导（Guo et al.，2021）。

植物面对高盐会产生一系列应激反应。植物能通过自身调节吸收积累有机酸和无机阴离子以平衡过多的Na^+等阳离子，进而维持细胞内离子平衡和体内pH值稳定，提高自身抗盐碱能力。研究还发现，植物根中多种转运蛋白参与调控Na^+平衡（图1-1）。植物主要通过两种方式减少根细胞中Na^+积累，一是减少根系对Na^+的吸收；二是液泡膜封存Na^+。对于具有光合活性的叶肉细胞，有3种额外的方式，一是控制木质部的Na^+负荷量；二是控制木质部的Na^+供给量；三是茎中的Na^+通过韧皮部再循环。胞内钾离子的稳定和植物组织在胁迫条件下保持钾离子的能力对植物的耐盐性十分重要，这是因为，一是高水平的K^+保留允许植物在细胞质中积累大量的钠离子，而不影响细胞内K^+/Na^+值，K^+/Na^+值对维持细胞的代谢具有重要的意义；二是K^+可以激活某些蛋白酶和内切酶；三是维持细胞质内正常的生理活动；

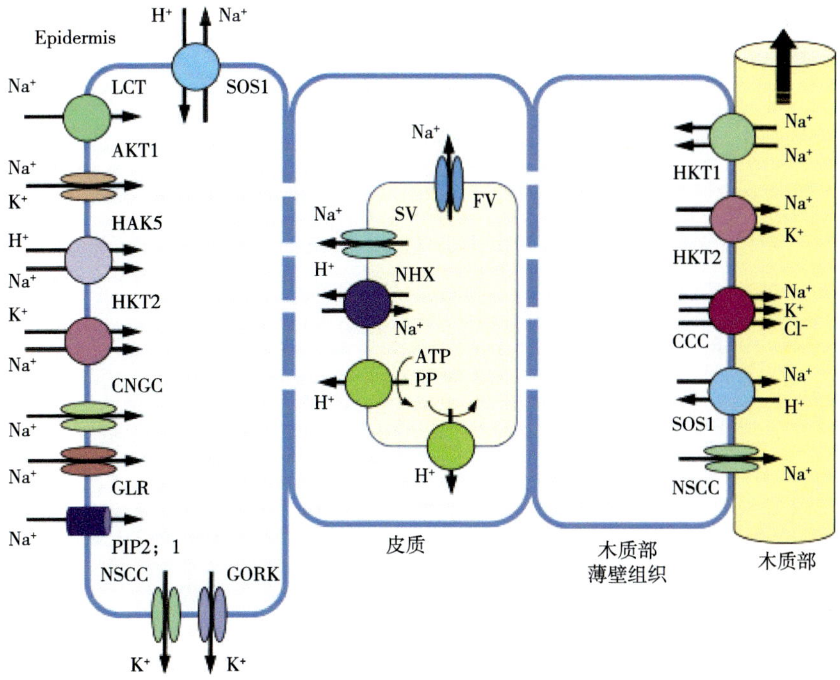

图1-1 盐胁迫下调控根部Na^+平衡的主要转运蛋白（Zhao et al.，2020）

四是可作为缓冲液。K^+除是一种必需营养素外，还在信号传递中发挥作用。在盐胁迫下，K^+可以作为第二信使，抑制消耗能量的合成代谢反应，并节省能量用于适应胁迫和修复损伤，这可使物种在盐度造成的能量限制条件下具有竞争优势（Zhao et al.，2020）。

在盐胁迫的根际中介导Na^+稳态的主要是转运体。根表皮吸收Na^+的主要途径是谷氨酸受体（GLRs）通道或环核苷酸门控（CNGCs）非选择性阳离子通道和HKT2高亲和力K^+转运体。其他可能的Na^+摄取途径包括AKT1瓶型K^+通道、HKT2高亲和力K^+转运体、低亲和力阳离子转运体LCT1和PIP2; 1水通道蛋白。通过SOS1 Na^+/H^+交换器的活性Na^+挤压抵消了Na^+的吸收。液泡Na^+螯合物是由以豆科植物为基础的Na^+/H^+交换器从NHX家族获得的，由H^+-ATP酶或H^+-PP酶泵供给燃料。液泡Na^+隔离的另一个组成部分是对液泡体慢速（SV）和快速（FV）激活离子通道的有效控制，这可能使Na^+回流到细胞质中。向木质部被动加载Na^+是通过非选择阳离子通道（NSCCs）介导的，其主动加载需要协同转运体的操作，如SOS1、CCC（阳离子—氯离子协同转运体）和HKT2（K^+/Na^+同向转运）。Na^+流出木质部是通过HKT1亲和力K^+转运蛋白。盐诱导的根表皮K^+损失是由NSCCs和去极化激活的外向整流的GORK K^+通道介导的（Fedoreyeva，2019）。

（2）渗透胁迫方面。高浓度的盐胁迫导致作物细胞膨压和高渗透势的变化。细胞的膨压是一种机械作用，在一定条件下植物缺水所致的生理干旱胁迫转化为机械胁迫而被植物识别。1898年，Schimper用生理干旱分析了盐害的机理，并认为盐分胁迫下植物生长受到抑制是由生理缺水造成的，主要是因大量可溶性盐的存在降低了土壤渗透势，使植物根系吸水困难或根本不能吸水。所以，在盐碱地区，虽然土壤含水量很大，但由于含盐量很高，植物吸水不足容易导致生理干旱，造成渗透伤害。通过有机渗透剂（如脯氨酸、糖等）的积累来保护细胞结构和细胞代谢的相对稳定（Basu et al.，2002；Cui et al.，2018；Ghoulam et al.，2002；Liu and Staden，2000）。植物会合成渗透调节物质如脯氨酸、甜菜碱等，以提高细胞的渗透压，从而抵抗盐胁迫。植物自身合成渗透调节物质脯氨酸、有机酸、甜菜碱等小分子有机物质，以这些物质为中介，通过调节细胞渗透压的提高及水势降低来响应盐碱胁迫，提高植物的抗盐碱能力，减少盐碱胁迫对植物造成的伤害

（Zhao et al.，2021）。不同种类的植物在盐碱胁迫下体内的脯氨酸、甜菜碱以及不同类型的糖和有机酸进行大量的累积，弥补了细胞内阴离子的不足以及中和过多的阳离子以维持体内环境的电荷平衡，调节了植物体内渗透调节物质和根际微环境，稳定了细胞结构及内含物，提高了植物对盐碱胁迫的适应性。另外，渗透胁迫也会导致植物气孔关闭（木质部压力的下降），从而减少对二氧化碳的吸收，植物可以通过改变气孔的大小和密度来应对盐胁迫（Chang et al.，2025）。

（3）氧化损伤方面。离子平衡破坏，引起渗透胁迫，并产生大量的活性氧，造成氧化胁迫。盐胁迫降低了植物根部吸水能力，因渗透不平衡而增加蒸腾速率，导致气孔关闭，降低光合作用速率和碳水化合物生成。盐胁迫下植物还会积累活性氧（ROS），导致细胞膜、蛋白质和DNA的氧化，最终导致细胞死亡（Chang et al.，2025）。

活性氧（ROS）作为胁迫信号主要产生于质外体、叶绿体、线粒体和过氧化物酶体。质膜定位呼吸爆发氧化酶同源物（如AtRbohD/AtRbohF）作为主要的应激信号在盐胁迫中起到了重要的作用。在盐胁迫下，这两个基因的表达均上调，促使K^+进入细胞质，降低了Na^+/K^+的值。同时，AtRbohD/AtRbohF所介导的盐胁迫可以触发抗氧化反应，减少对细胞的损伤。ROS的来源，一是渗透胁迫引起的气孔关闭和细胞质中Na^+高水平积累损害了光合作用机制，导致绿色组织中ROS的形成；二是线粒体的呼吸。在高盐度下植物清除过量ROS可依赖活性氧清除机械的激活，也可能是由于非酶抗氧化代谢产物，包括抗坏血酸和谷胱甘肽，以及酶制剂，如过氧化氢酶（CAT）、超氧化物歧化酶（SOD）、抗坏血酸过氧化物酶（APX）和谷胱甘肽还原酶（GR）等的生成。

植物通过启动活性氧清除系统，通过酶促和非酶促抗氧化剂的合成来清除过多的活性氧，使其处于相对稳定的状态（Bailey-Serres and Mittler，2006）；第一种为酶族保护体系，以CAT、SOD、过氧化物酶（POD）为主；第二种为非酶族保护体系，以抗坏血酸、谷胱甘肽等为主，并作为其主要氧化还原缓冲剂，在细胞的不同部位均有分布，调节细胞中活性氧的平衡。植物细胞中活性氧的清除需要依赖POD的作用，它能够催化以H_2O_2为氧化剂的氧化还原反应，将H_2O_2还原为H_2O，清除细胞内多余的H_2O_2，维持细胞膜的稳定性和完整性，从而大大提高植物耐盐碱性。在盐胁迫条件下，植物体内的SOD、POD、CAT等酶活性的增加以及活性氧自由基的清除对提高植物耐盐碱性起非常重要的作用。在高盐土壤环境下，根系会受到影响。对土壤水分、营养、矿物质元素的吸收、转运、分配与同化等方面的功能会被不同程度地抑制（Wang et al.，2015）。在此条件下土壤水势降低，影响根系对水分的吸收，形成不同程度的生理性缺水，同时导致叶片水势降低（Farinas et al.，2019），并通过介导气孔运动来影响净光合速率。

（4）植物激素调控。盐害严重影响植物的生长发育，通过长期进化，植物形成了一系列适应盐胁迫的生长发育机制，而激素调控响应是其中一种重要的核心机制（Yu et al.，2020b）。在9种常见植物激素中，脱落酸（ABA）、乙烯（ETH）、水杨酸（SA）和茉莉酸（JA）被视为胁迫响应激素；其他激素，包括生长素（Auxin）、赤霉素（GA）、细胞分裂素（CKs）、油菜素内酯（BRs）和独角金内酯（SLs）被归类为促生长激素。大量研究表明，植物在盐胁迫下会通过多重信号交互来协调各种激素的合成、信号传递和代谢，从而建立起一个防御系统（图1-2）。

ABA是其中最重要调节因子，施加在根上的渗透胁迫导致根和叶组织中ABA浓度迅速增加，导致气孔关闭，引起植物高盐敏感（Wensuo et al.，2002）；JA可能以空间和时间依赖的方式作为盐胁迫反应的正调控或负调控因子（Kazan，2015；Zhao et al.，2020）；GA作为一种重要的调节植物生长的激素，已被证实与非生物胁迫下的生长调节有关，其能够增加DELLA蛋白的生成，该蛋白通过限制植物的生长来应对胁迫伤害，降低盐胁迫导致的植物死亡率（Colebrook et al.，2014）；乙烯对盐胁迫耐受的积极作用主要是通过调控活性氧生成和活性氧清除机制来实现；SA在盐胁迫耐受中的作用体现在它能够提高渗透保护剂的积累，如甜菜碱、脯氨酸和多胺，并提高盐胁迫下的抗氧化酶活性（Zhao et al.，2020）。

综上所述，干旱和盐分胁迫均会对植物造成渗透胁迫，降低光合速率，生长发育减慢，但盐分胁迫又会导致植物产生离子毒害。干旱—盐复合胁迫会加重对植物的损伤。但也有研究指出植物面临干旱—盐复合胁迫时却可以表现出一定的适应性，但目前对其表现出适应性的原因解释较少，而干旱—盐复合胁迫对植物的影响是否造成复加，这个问题需要进行深入探讨。

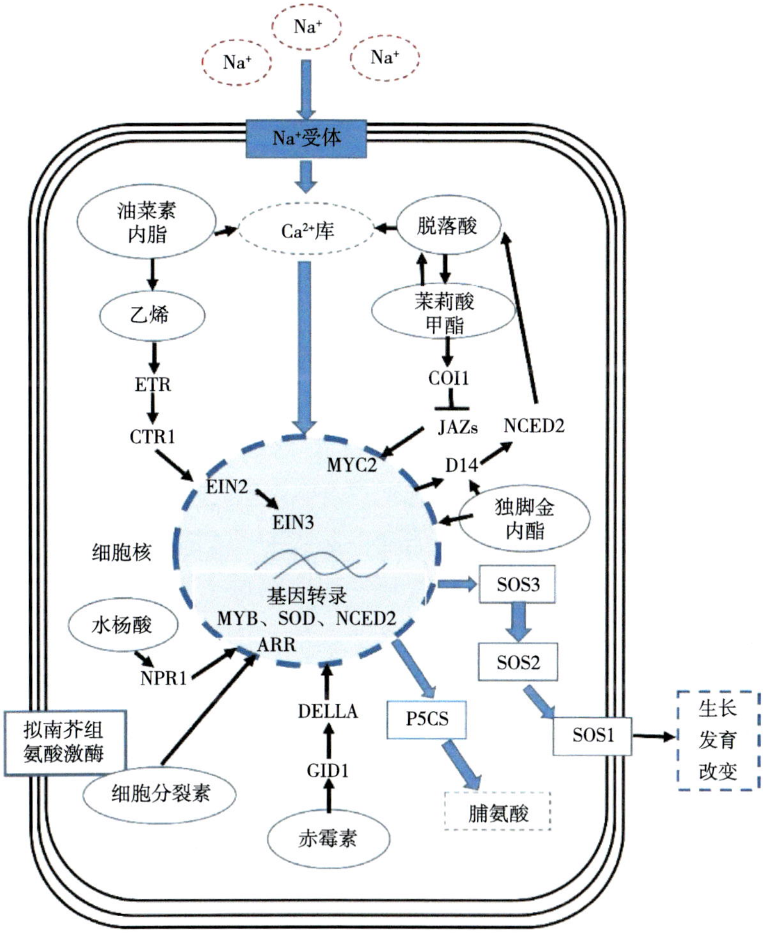

图1–2　盐胁迫下不同植物激素间的串扰及其调控途径（赵昊阳和朱俊杰，2023）

注：ETR为乙烯受体；CTR1为丝氨酸/苏氨酸蛋白激酶；EIN为乙烯不敏感蛋白；NPR1为病程相关基因非表达子1；ARR为拟南芥响应调节因子；GID1为GA受体基因1；DELLA为D-天冬氨酸，E-谷氨酸，L-亮氨酸，A-丙氨酸；P5CS为Δ^1-吡咯啉-5-羧酸合成酶；SOS为盐过敏感基因；SOD为超氧化物歧化酶；NCED为9-顺式-环氧类胡萝卜素双加氧酶；COI1为冠菌素不敏感基因1；JAZs为茉莉酸ZIM结构域蛋白；MYC2为三元复合物抑制转录因子2。

1.2.2　干旱和盐胁迫对作物根系水力特征的影响

根系主要从土壤中吸收水分和养分满足地上部的生长需要，且根系是作物直接与土壤接触的器官，地上部生长状况、土壤环境条件、介质层次等因素均会影响根系的生长发育。根系导水率是表征作物根系吸水能力的一个重要生理指标，表示单位时间单位压力梯度下流经单位根表面积（或长度）的水流通量（Gallardo et al.，1996；Li et al.，2005；刘小芳，2013；牛晓丽，2016）。根系对水分胁迫的敏感性高于枝条和叶片（胥生荣 等，2017）。如何利用外源物质或作物根系的适应性反应以充分挖掘作物自身对水分、养分等调控因子的适应潜力，是近年来作物学、植物生理生态学等学科关注的热点问题。

当作物受到干旱、盐分等非生物胁迫后，土壤水势、根系吸水能力降低，叶片气孔关闭，净光合速率减小，导致叶片导水率和根系导水率降低（胥生荣 等，2017）；干旱和盐分胁迫发生时也会引起木质部导管发生栓塞，最终导致茎木质部导水率降低（徐建新 等，2020）。干旱胁迫（牛晓丽，2016）和盐分胁迫（Fricke et al.，2014）会增加根皮层厚度及其占根直径的比例，有效促进根系吸水，但随着胁迫时间的增加，根皮层厚度、根内皮层上的凯氏带形成加快、导管直径和皮层厚度占根系直径的比例逐渐增大，根系吸水阻力增大，根系导水率降低。刘彬彬（2008）研究发现，干旱胁迫显著降低了玉米幼苗的根系导水率。胥生荣等（2017）的研究结果也表明，干旱胁迫降低了枸杞的茎导水率和根导水率。李颖华等（2021）研究发现玫瑰香葡萄耐盐性较高的原因是提高根系导水率主要通过增加导管面积而非导管密度。姜百惠等（2020）的试验表明，盐胁迫造成降香黄檀根部生理性缺水，根系导水率降低，导致其叶片气体交换能力下降，使植株生长减慢。Canales等（2021）研究发现，干旱胁迫下ABA的快速积累，导致气孔关闭，使燕麦根系导水率降低。Vitali等（2021）试验证明，当盐分浓度增加时甜菜的根系导水率下降，水通道蛋白PIP2表达量与根系导水率的高低密切相关。Miranda等（2022）研究表明，耐旱品种黎檬（Citrus limonia）在干旱条件下通过化学信号和有效的气孔调节以减少水分损失，以及在一定的环境条件下降低根系导水率以节约水资源，改善了叶片的水分状况。Steudle（2000）认为水分胁迫降低根系导水率的主要原因是根系吸水阻力增加。在小于3天的短期干旱胁迫下，主要通过水通道蛋白来调节作物根系的吸水能力而非根系组织结构。盐生植物根系导水率的大幅度降低可能与根质膜中水孔蛋白的活性或浓度降低有关（del Martínez-Ballesta et al.，2006；Nedjimi，2009，2014；Maurel et al.，2010）。水通道蛋白（AQP）对根系导水率的影响来源于细胞—细胞途径和质外体途径对径向水分运动的贡献（Suku et al.，2014）。Veselova等（2005）研究表明，7日龄小麦幼苗根系在低温条件下根系导水率降低使相对含水率在45min内逐渐减少，60min以后气孔导度降低导致蒸腾作用下降，相对含水率（RWC）得到部分恢复。此外，气孔导度的降低并不是由于ABA诱导其关闭，因为当根骤然处于低温环境，并未在叶片或木质部汁液中发现ABA含量增加。但Canales等（2021）研究表明，干旱敏感型燕麦在遭遇干旱时ABA含量急剧快速增加导致气孔导度降低，根系导水率降低，叶水势也随之降低；相反抗旱型燕麦在遭遇干旱胁迫后ABA含量缓慢增加，使蒸腾作用维持了更长的时间，这主要与根系总长度和最细根长度的增加和根际导水率的增加有关。然而，Markhart等（1979）观察到相反的趋势，在高ABA浓度下根系导水率显著降低。根系导水率与植物的蒸腾作用有关，在拟南芥、桉树、甘蔗和燕麦中均有报道（Markhart et al.，1979；Maurel et al.，2010；Franks，2006；Vandeleur et al.，2009）。在马铃薯中观察到较高的根系导水率有助于水分运输到叶片，即使在低蒸腾条件下作物也能维持光合作用和生长（Steudle，2000）。近年来，越来越多的研究将植物根系的吸水能力和水分跨膜运输与导水率联系起来。关于环境因素对根系吸水的影响有不少报道，如土壤机械阻力、土壤容重、干旱、盐分、土壤通气状况，都会影响根系导水率（Canales et al.，2021；Cochard et al.，2000）。但作物对多重胁迫的反应是独特的。Wang等（2022）研究结果表明，甜高粱在生理和转录水平上对干旱、盐和干旱—盐复合胁迫的反应并不一致。因此，水盐单一和复合胁迫对根系参数及根系水力特征的影响可能不一致。

因此，对小麦幼苗根系特征与根系水力功能之间的关系做出如下假设，一是胁迫抑制根系生长，导致根系导水率降低；二是根系导水率降低，影响了小麦对养分的吸收，但在盐分胁迫条件下小麦中的钠含量急剧增加，钾含量急剧降低，打破了离子间的平衡；三是离子间平衡打破，膜脂过氧化物MDA含量增加，但渗透调节物质以及抗氧化酶的调节，以维持MDA的平衡；四是胁迫会影响非结构碳水化合物的分配，根系传输能力影响能量从“源”到“库”的传递。

1.2.3 种子引发的意义与应用

种子引发（Seed priming）也称渗透调节，是人们利用生物、物理及化学等处理方法，使种子缓慢吸水，为萌发提前进行生理准备的一种技术。种子引发由Heydecker等（1973）首次提出，引发就是控制种子的吸水作用至一定水平，即萌而不发。国内外现有的种子引发技术主要有液体引发、固体引发、抗菌物质引发、激素引发、细胞信号分子引发、细胞周期性药物引发和生物引发等（董志朋 等，2016）。

Alam等（2022）利用水杨酸、抗坏血酸和氯化钠对小麦种子进行引发处理，结果发现在干旱条件下，种子引发有助于通过调节抗氧化防御系统来减轻干旱诱导的氧化损伤，上调抗氧化防御和乙二醛酶系统，赋予干旱胁迫耐受性，从而确保更好地成苗。褪黑素引发缓解了干旱胁迫下油菜幼苗的氧化损伤和叶绿素含量的下降，显著改善了气孔性状，如气孔数量、气孔长度和气孔宽度，保护了叶绿体结构，维持细胞膨胀，并增加细胞壁的强度以应对干旱胁迫（Khan et al.，2019）。Khan等（2021）用纳米氧化铈对油菜种子进行引发处理，研究发现种子引发处理后，植株可以吸收更多的水，并有更高的α-淀粉酶活性；氧化铈纳米粒子还通过减轻氧化损伤和维持Na^+/K^+值来提高油菜籽的耐盐性。Guo等（2022）用2% H_2O_2、52mmol/L NaCl、50mmol/L KCl、250mmol/L $MgSO_4$对高粱进行种子引发处理，结果发现种子引发通过降低丙二醛含量、提高抗氧化酶（CAT、POD和SOD）活性和脯氨酸含量来缓解盐胁迫的不利影响。而姚露花等（2022）用15%聚乙二醇（PEG）、150mg/L水杨酸（SA）、20mg/L脱落酸（ABA）、5mg/L赤霉素（GA）或水进行引发处理，发现PEG、SA和ABA引发均可起到调节作物角质层蜡质沉积、提高角质层增加其抗性的作用。谢娟娜等（2016）总结了不同种类引发剂对小麦种子引发的主要机制，一是减少作物对Na^+离子的吸收，促进盐分胁迫下作物的生长速率；二是促进渗透调节物质的合成和积累，维持细胞内高渗透压，促进根系吸水；三是促进抗氧化酶的合成增加、活性增强，有效清除活性氧，维持ROS平衡；四是调节作物内源激素水平。

1.2.4 外源褪黑素对干旱和盐胁迫下作物生长的调控机制

外源褪黑素可以通过提高抗氧化机制的效率来增加植物对环境胁迫的

抗逆性，其机制主要通过直接清除活性氧，激活抗氧化酶活性调节抗氧化水平，降低电子渗透率，提高线粒体内部氧化磷酸化进度进行抗氧化调节4种方式来进行调节。外源褪黑素可以缓解叶绿素降解，降低膜脂过氧化程度，调节内源激素及多胺含量来提高作物抵抗环境胁迫的能力（Turk et al.，2014；Shi et al.，2014；Zhang et al.，2015）。

干旱胁迫下，外源褪黑素能够增强黑麦草和苜蓿的抗氧化能力，有效降低膜脂过氧化程度，减少干旱对细胞膜的损伤，调节植物吸收养分，增强植株的抗旱性（Wang et al.，2022）。褪黑素处理可提高干旱胁迫下猕猴桃幼苗中SOD、CAT和POD的活性及mRNA表达水平，促进猕猴桃幼苗生长（Xia et al.，2020a；Xia et al.，2020b）。褪黑素通过提高相对含水量和抗氧化活性，促进高粱的生长，增加其生物量并提高品质，缓解干旱对高粱的不利影响（Ahmad et al.，2023）。Liang等（2019）研究表明，在干旱胁迫下，100μmol/L褪黑素能显著提高猕猴桃幼苗叶片中与二氧化碳固定相关酶的转录水平，改善光合作用。此外，褪黑素还调节脯氨酸和植物细胞渗透保护之间的平衡（Antoniou et al.，2017）。叶君等（2015）的试验结果表明，干旱胁迫下根施褪黑素可维持小麦较高的叶片相对含水量、净光合速率及光化学效率，并进一步提高了保护酶的活性，减少了H_2O_2和MDA的积累。Gao等（2018）报道，褪黑素处理增加了燕麦中丝裂原活化蛋白激酶Asmap1和Aspk11以及转录因子*WRKY1*、*DREB2*和*MYB*的表达，触发级联反应，增强植株抗氧化防御的能力。在根系研究方面，马旭辉（2021）在干旱胁迫下通过玉米浸种试验发现，通过褪黑素浸种的处理可促进根系发育，提高根系的抗氧化酶活性，稳定叶绿素含量，提高叶片相对含水量，从而提高玉米的抗旱能力。外源褪黑素增强番茄根系的活性，减轻干旱胁迫对光系统Ⅱ（PSⅡ）反应中心的损伤，降低细胞内毒素含量，减少干旱造成的负面影响（Liu et al.，2015）。褪黑素增加干旱敏感型和耐旱型油菜主根和侧根的长度，并促进气孔打开，表明褪黑素在增强植物地下部分抗旱性中的生理作用（Dai et al.，2020）。在干旱胁迫下，对玉米进行根施褪黑素比叶面喷施褪黑素更有效地减轻幼苗的氧化损伤（Huang et al.，2019）。并且，研究还发现褪黑素主要通过参与谷胱甘肽代谢、抗坏血酸、糖尿酸代谢和类胡萝卜素代谢来促进干旱胁迫下猕猴桃的生长（Xia et al.，2020a；Xia et al.，2020b）。

Ibrahim等（2020）研究发现，在有限的水分条件下，经褪黑素预处理的番茄含有较高的可溶性固形物、抗坏血酸和番茄红素含量，提高了果实品质和产量。叶面喷施褪黑素可提高干旱胁迫下辣木的光合色素和酚含量，从而促进辣木植株生长，提高产量和品质（Sadak et al.，2020）。

盐胁迫下，调节Na^+、Cl^-和K^+的吸收和转运以维持离子稳态，对于缓解盐碱损伤至关重要。褪黑素作为一种信号分子，能增加水稻根系中一氧化氮和三磷酸腺苷（ATP）的含量以及H^+泵的活性，以维持盐胁迫下水稻根系中Na^+/K^+和H_2O_2含量之间的平衡（Liu et al.，2022；Yan et al.，2020）。用褪黑素预处理番茄幼苗后，能提高酶促和非酶促抗氧化酶活性，降低过氧化氢（H_2O_2）、超氧化物阴离子（O_2^-）、电解质渗透率（EL）和丙二醛（MDA）含量，减缓氧化损伤，降低茎和叶中Na^+浓度，并提高叶、茎、根的K^+浓度，减轻离子毒害，从而有效改善后期盐胁迫对植株的根系构型、光合色素、光合同化和生长状况等伤害（Altaf et al.，2021；Siddiqui et al.，2019；Ali et al.，2021）。外源褪黑素缓解盐胁迫对苜蓿光合作用、气孔开合、渗透调节、离子平衡和氧化还原稳态的抑制作用，增强苜蓿的耐盐性（Niu et al.，2022）。Chen等（2017）研究表明，拟南芥AtrbohF依赖型ROS信号通路是内源性褪黑素通过离子和氧化还原稳态诱导的耐盐性的必需途径。Zhou等（2016a）提出褪黑素通过控制ROS水平，促进光合电子传递链和D1蛋白合成的恢复，并调节*TRXf*和*TRXm*基因产物的丰度来修复由盐胁迫引起的光合损伤。孙文君（2021）的试验结果表明，喷施100～150mmol/L的褪黑素可恢复低温和盐碱胁迫条件下的叶水势，增加棉花幼苗的生长指标、气体交换参数和荧光参数，改善棉花幼苗的木质部栓塞，显著提升棉花幼苗对低温和盐碱胁迫的抵抗能力。Gao等（2019）指出，施用外源褪黑素可以提高盐胁迫下裸燕麦幼苗抗氧化酶活性，减少CAT、超氧化物阴离子和MDA含量。利用外源褪黑素浸种可以增加不同浓度盐碱胁迫下大豆种子的发芽能力，并能提高其抗氧化酶活性和渗透调节物质含量，降低细胞膜脂过氧化程度（王明瑶 等，2019）。高立杨等（2020）的试验结果表明，于开始盐碱胁迫前喷施3次褪黑素，对光合、抗氧化酶活性等有一定的缓解作用。尹赜鹏等（2019）在盐胁迫下通过喷施3天褪黑素处理后，研究发现外源褪黑素使番茄叶绿素含量和光合速率的降低幅度明显减小，褪黑素通过平衡PSⅡ的供体侧、受体侧和反应中心的电子传递来缓解盐胁迫对番茄PSⅡ造成的伤害，提高番茄的耐盐性。上述研究发现，目前缺乏褪黑素对禾本科植物根系导水率的调控机制研究。

1.3 研究目的及技术路线

1.3.1 研究目的

本研究着眼于深入理解环境胁迫下作物根系的水力功能，以冬小麦幼苗为研究对象，分析水盐胁迫对冬小麦幼苗根系导水率的影响，揭示外源褪黑素对冬小麦幼苗根系导水率的调控机理，以期为提升冬小麦苗期抗逆能力提供支撑。

1.3.2 技术路线

技术路线见图1-3。

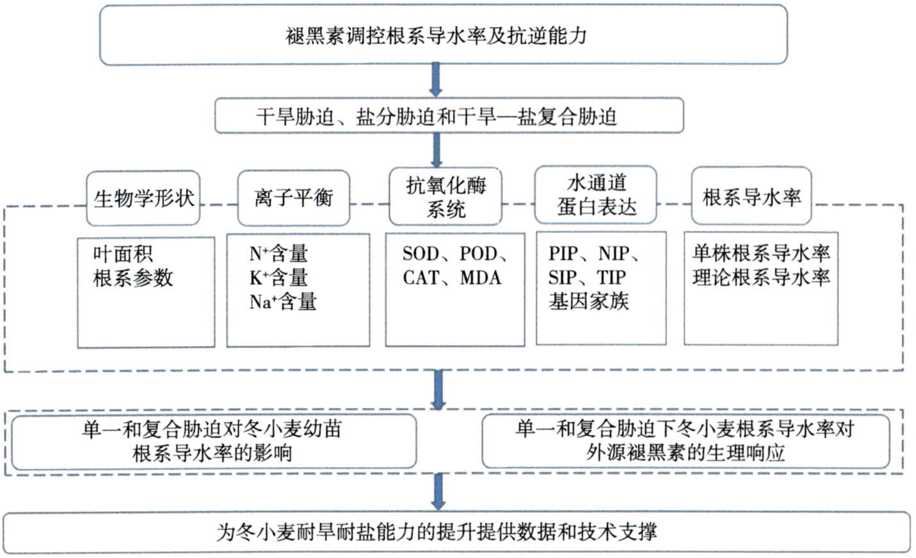

图1-3 技术路线

2 试验材料与研究方法

2.1 试验区概况

本试验于2021年在中国农业科学院新乡综合试验基地（河南新乡）的人工气候室（FYS-20）内进行。FYS-20智能人工气候室建成于2017年4月，面积为30m^2，制冷剂为氟利昂（R22），控温范围在−15～50℃，电源电压为AC 380V，控湿度能力在40%～90%，总功率为20kW。该人工气候室可以精确控制温度、湿度、光照时间和强度、二氧化碳的浓度。本研究设置的人工气候室环境条件为昼/夜温度为25℃/20℃，湿度为40%～50%，光照时间7：00—19：00，光照强度为600μmol/（m^2·s）。

2.2 试验设计

试验设4个胁迫处理和3个种子引发处理，每个处理15个重复。4个胁迫处理分别由Hoagland营养液+0.1% NaCl（S）模拟盐分胁迫，由Hoagland营养液+2% PEG6000（D）模拟干旱胁迫，由Hoagland营养液+2% PEG6000+0.1% NaCl（DS）模拟干旱—盐复合胁迫；另设无胁迫的Hoagland营养液为CK。3个种子引发处理为无种子引发（N），水引发（W），100μmol/L褪黑素引发（MT）。Hoagland溶液是一种可以当作复合肥或无土栽培的营养液，为正常肥力水平；100μmol/L的褪黑素浓度是基于课题组前期研究结果所定。种子引发在4℃黑暗条件下进行，选取2份1 000粒种子分别用1 000mL蒸馏水及1 000mL 100μmol/L褪黑素溶液浸泡12h后，将种子自然阴干至初始种子含水量备用。供试小麦品种为新麦19（不抗旱、不耐盐）。挑选大小均匀、籽粒饱满的种子，用0.5%的次氯酸钠消毒25min，消毒后用去离子水清洗数遍，用吸水纸将种子表面水分吸干后，将种子均匀摆放于装有不同种类营养液的培养皿中（9cm）。培养皿中置入滤纸，试验开始前用75%的酒精对培养皿消毒，每个培养皿20粒种子，20mL相应的培养液。每天更换发芽床和溶液，以保持培养皿内溶液水势恒定。培养皿放置前2天盖上盖子防止溶液蒸发。将培养皿置于人工气候室内25℃下黑暗培养48h，之后正常培养。移栽前每天用75%的酒精对人工气候室进行消毒，7天后挑选相同处理长势一致的小麦幼苗转移至PVC水培桶（直径12cm，高30cm）中，每桶4株，每桶连接增氧泵，保持通气，每4天更换一次营养液，移栽时使用1/2 Hoagland营养液，之后用Hoagland营养液。Hoagland营养液的配方：5mmol/L KNO_3、5mmol/L $Ca(NO_3)_2 \cdot 4H_2O$、1mmol/L KH_2PO_4和1mmol/L $MgSO_4 \cdot 7H_2O$，1 000倍微量元素储备液（23g/L $C_{10}H_{12}FeN_2NaO_8 \cdot 3H_2O$、2.86g/L H_3BO_3、1.55g/L $MnSO_4 \cdot H_2O$、0.2mg/L $ZnSO_4 \cdot 7H_2O$、0.08g/L $CuSO_4 \cdot 5H_2O$、0.09g/L H_2MoO_4，pH值=6.0）。在胁迫处理后第17天（各处理间差异明显）进行各项指标的测定。

2.3 观测指标与测定方法

2.3.1 小麦幼苗形态指标

株高：用直尺从小麦基部量至小麦叶尖处，每个处理测定6次重复。

叶面积：量取叶长和最大叶宽，利用叶面积=叶长×最大叶宽×0.85（司转运，2017）公式进行统计，每个处理测定3次重复。

2.3.2 小麦幼苗根系导水率和根系参数

在幼苗生长17天后，每个处理选择4～5株生长一致的小麦幼苗，参照Galano等（2013）的方法采用压力室法测定根系导水率。从水培桶中取一株植物转移到一张新的潮湿的纸上，以避免根系在此过程中发生水分蒸发；在茎根接合处上方3cm处剪下小麦叶片；将剪下的小麦叶片保存在信封中，并在75℃下干燥24h；取一小块密封材料（空调密封泥）放在离根部3cm的根系上。把所有的根收集在一起，用密封材料包裹住根；将样品插入压力室的塞孔中，将密封材料粘在底座上，然后按压材料以形成紧密的密封；加压，并用放大镜观察，至切口表面流出汁液（约0.40MPa，用P_0表示），在此压力下让植物适应此压力2min；2min后，清除剩余渗出液并启动计时器4min。使用移液器，将渗出液转移至1.5mL离心管（编号1）；在0.40Mpa压力下收集4min后，将压力升高至0.54MPa。重复以上步骤，每次加压0.14MPa再收集4个离心管，测量30min后，向右移动刻度盘（标记排气）以释放压力；将5个Eppendorf管中的液体离心（1 000r/min），然后使用移液器测量每个管的体积（V），并计算水流通量（$Jv=V/120s$），单株根系导水率即为水流通量（Jv）与压力差［（P_0+0.14MPa）$-P_0$］关系曲线的斜率，即单株根系导水率（Lp）$=Jv/\Delta P$；测量结束后，从腔室中取出样品；切下剩余的根系，用纸将根部稍微擦干，用Epson V800根系扫描仪对根系进行扫描，利用WinRHIZO软件（Regent公司，加拿大）分析根长、根直径、根表面积和根体积等形态参数。扫描后的根系样品在105℃杀青30min，75℃烘干至恒重，万分之一天平称得质量，获得根的干重量。

2.3.3 小麦根系解剖结构与理论根系导水率

幼苗生长17天后，先用去离子水冲洗幼苗根部，然后切取根尖0～1cm，迅速放入FAA固定液中，固定48h，然后送至武汉赛维尔生物科技有限公司进行石蜡包埋、番红—固绿染色等常规石蜡切片（Muccifora et al.，2021）处理。用RM2235型轮转切片机（Leica公司，德国）切片，切片厚度为10μm，中性树胶封片。用带拍照系统的Axio Lab. A1型数码摄影显微镜（ZEISS公司，德国）在40倍下观察并拍照。采用ImageJ32软件测量根系直径（μm）、导管直径（μm），利用Hagen-Poiseuille（Tyree and Ewers，1991）模型计算理论导水率：

$$K_{\text{xylem}}=\frac{\pi}{128\eta}\sum_{i=1}^{n}D_i^4 \qquad (2-1)$$

式中，η为水的黏滞系数（0.90×10^{-6}kPa）；D为导管直径（μm）；n为导管数量。

2.3.4 小麦幼苗地上部和根系的氮、钾和钠含量

每个处理随机取3个重复，每个重复选取10株小麦幼苗，将其地上部与地

下部分别装于牛皮纸袋中置于烘箱中105℃杀青30min后，75℃烘至恒质量。将烘干样品研磨成粉末，每个重复称量0.150 0g样品，采用H_2SO_4-H_2O_2消煮。利用AA3流动分析仪（SEAL Analytical公司，型号为Auto Analyzer 3，德国）测定小麦植株的全氮含量，使用火焰光度计（型号为FP650，中国）测定小麦植株的Na^+、K^+含量。

2.3.5 小麦幼苗的根系活力

各处理取5株小麦，将根系剪成1cm左右小段，称0.3g（每个重复）放入离心管中，然后加入0.4%的氯化三苯基四氮唑（TTC）和0.1mol/L磷酸缓冲液（pH值=7.0）各5mL，充分混合使切段的根系完全浸入上述反应液中，置于37℃温箱内保温培养3h，以使切段的根系显色（红色）。恒温显色时间结束，立即加入1mol/L H_2SO_4溶液终止反应，取出染色根系用20mL甲醇提取4h，取上清液485nm比色，根系活力用氯化三苯基四氮唑（TTC）还原量表示（白宝璋 等，1994）。

2.3.6 小麦幼苗地上部和根系的膜损伤

每个处理随机选取5株小麦，用去离子水清洗干净，吸水纸擦干，茎叶分开，液氮速冻，-80℃保存。取待测叶片按照组织质量（g）:提取液体积（mL）为1：10制成粗酶提取液置于冰上待测。丙二醛（MDA）（MDA-2-Y）活性采用Elisa方法（苏州科铭生物技术有限公司），按照试剂盒说明书进行测定，基于紫外吸收法，分别于532nm和600nm处测定吸光度（Zhao et al., 2020）。

2.3.7 小麦幼苗地上部和根系的渗透调节物质

每个处理随机选取6株小麦，用去离子水清洗干净，吸水纸擦干，茎叶分开，液氮速冻，-80℃保存。取待测叶片按照组织质量（g）：提取液体积（mL）为1：10制成粗酶提取液置于冰上待测。可溶性糖（KT-2-Y）、脯氨酸（PRO-2-Y）、可溶性蛋白（BCAP-2-W）含量采用相应的试剂盒（苏州科铭生物技术有限公司）测定，测定方法按照试剂盒说明书进行，基于分光光度法，分别于620nm、520nm和562nm处测定吸光度值（Muccifora et al., 2021）。

2.3.8 小麦幼苗地上部和根部的抗氧化酶活性

每个处理随机选取9株小麦，用去离子水清洗干净，吸水纸擦干，茎叶分开，液氮速冻，-80℃保存。超氧化物歧化酶（SOD）活性测定采用SOD（SOD-2-W）活性测定试剂盒（苏州科铭生物技术有限公司），按照试剂盒说明书进行测定，基于WST-8比色法（Peskin and Winterbourn，2000）。过氧化氢酶（CAT）活性测定采用CAT（CAT-1-W）活性测定试剂盒（苏州科铭生物技术有限公司），按照试剂盒说明书要求进行测定，基于紫外吸收法（Sima et al.，2011）。过氧化物酶（POD）活性测定采用POD（POD-2-Y）活性测定试剂盒（苏州科铭生物技术有限公司），按照试剂盒说明书进行测定，基于愈创木酚比色法（Wang et al.，2014）。

2.3.9 小麦幼苗地上部和根系的非结构碳水化合物

每个处理随机选5株小麦，用去离子水清洗干净，吸水纸擦干，茎叶分开，液氮速冻，-80℃保存。取待测叶片按照组织质量（g）：提取液体积（mL）为1：10制成提取液置于冰上用于果糖和蔗糖含量测定。沉淀加蒸馏水95℃糊化15min，用于淀粉测定。果糖、蔗糖和淀粉含量分别采用型号为GT-2-Y、ZHT-2-Y和DF-2-Y的试剂盒（苏州科铭生物技术有限公司）进行测定（Xu et al.，2022）。测定方法基于紫外吸收法。

2.4 基因表达分析

分别取小麦的根组织样品于-80℃保存。选用Plant Total RNA Isolation Kit Plus（购自新乡市普金生物技术有限公司）提取所取组织样品的RNA，并用TransScript All-in-One First-Strand cDNA Synthesis SuperMix for qPCR（One-Step gDNA Removal）（购自北京全式金生物技术有限公司）将样品的RNA反转录为cDNA。随后使用TransStart Tip Green qPCR SuperMix（购自北京全式金生物技术有限公司）在CFX Connect™ Real-Time PCR 仪器（购置美国Bio-Rad公司）上进行反转录实时荧光定量PCR（qRT-PCR）分析部分水通道蛋白基因的相对表达量。以小麦*OsActin*基因为内参，数据统计采用$2^{-\triangle\triangle CT}$方法处理数据，所涉及的引物见表2-1。

表2-1 水通道蛋白相关基因表达分析的引物

引物	引物序列（5′-3′）
QRT-TaActin-F	CACTGGAATGGTCAAGGCTG
QRT-TaActin-R	CTCCATGTCATCCCAGTTG
QRT-TaNIP1；*08_7D-F*	TGGCAGGAGGAGGCGATAAC
QRT-TaNIP1；*08_7D-R*	TCAGGAAGTAGGTCCCGAAAATC
QRT-TaNIP2；*04a_7D-F*	GGGGTTAGCAGTTGGTTCCG
QRT-TaNIP2；*04a_7D-R*	GCCAAGAAAGTAGATCCAGAGGC
QRT-TaNIP3；*03_6D-F*	CCGACGACGAGAATGAGAAATC
QRT-TaNIP3；*03_6D-R*	CCGACAGCACGATGAAGACG
QRT-TaNIP4；*03_3D-F*	GACGTTCCTGGTGGTGTTCTG
QRT-TaNIP4；*03_3D-R*	CCAGGGGAAGTAGCGGAA
QRT-TaPIP1；*01_2D-F*	CCATCATCTACAACAGGGAGCAC
QRT-TaPIP1；*01_2D-R*	CAGGAAGAACAGCAGCTTAGGAC
QRT-TaPIP2；*40_7D-F*	TTCGTCCTCGTCTACACCGTC
QRT-TaPIP2；*40_7D-R*	GCGTGCTCCCTGTTGTAGATG
QRT-TaSIP2；*02_4A-F*	GCCAAGGTCTCGCTCTCTGTC
QRT-TaSIP2；*02_4A-R*	CAATAACCGCCCCAATCAC
QRT-TaTIP4；*03_5A-F*	GCACATCACGGCGTTCAG
QRT-TaTIP4；*03_5A-R*	CACCACAAAGAGGAGGGAGAAG

2.5 数据处理与分析

采用Microsoft Excel 2016整理数据，使用Origin 2018作图，并使用DPS进行差异性检验（P=0.05）和Ducan's新复极差法进行方差分析。书中所提到的平均值均为算术平均值。利用Canoco5进行冗余分析（Braak，1989）。冗余分析（RDA）被用来评估小麦幼苗导水率与株高、叶面积、根系参数、氮和离子含量、渗透调节物质、保护酶活性及非结构碳水化合物之间的关系。利用SPSSAU进行路径分析。

3 褪黑素引发对干旱胁迫下小麦幼苗根系导水率的影响

小麦是一种主要生长在干旱、半干旱地区的重要粮食作物，其产量受到干旱胁迫的严重限制。干旱会影响小麦生长发育及产量，特别是在我国干旱和半干旱地区，这些区域占据了我国耕地面积的35%。干旱不仅限制小麦的分蘖和幼穗发育，还严重影响最终产量和品质。为了应对这一挑战，提高小麦品种的抗旱能力成为关键，尤其是在水资源有限的地区。

大量研究表明，褪黑素作为一种植物刺激素在增强植物抗旱性方面发挥了关键作用。不仅具有有效清除活性氧的能力，同时也协调了对作物在干旱条件下生存至关重要的一系列生理反应。根系是作物吸收、贮藏、运输水分和营养物质的重要组织，小麦根系形态和性能直接影响地上部分的生长、发育和产量表现，是小麦具有节水、抗倒、耐热及落黄等良好特性的根本所在。干旱胁迫条件下全根导水率降低的机制虽有研究，但褪黑素对干旱胁迫下小麦根系导水率研究几乎未见报道。本章主要研究了干旱胁迫下褪黑素引发对小麦幼苗生理指标的影响，尤其根系特征以及根系导水率，探究褪黑素对干旱胁迫下小麦幼苗根系导水率的调控机制。

3.1 干旱胁迫条件下种子引发处理对小麦幼苗形态指标的影响

3.1.1 株高和叶面积

干旱胁迫条件下种子引发处理对小麦幼苗株高、叶面积的影响如图3-1所示。与对照相比，干旱胁迫使小麦幼苗的株高和叶面积分别降低了2%和

17%。与无引发处理相比，水引发处理使小麦的株高和叶面积分别显著降低了6%和13%；褪黑素引发处理使小麦幼苗的株高和叶面积分别降低了2%和7%。结果表明，无胁迫发生时，种子引发处理对株高和叶面积无促进作用；本试验条件下褪黑素引发处理对幼苗株高和叶面积的抑制作用小于水引发处理。

干旱胁迫条件下，与未引发处理相比，水引发使小麦幼苗的株高和叶面积分别显著增加了10%和23%；褪黑素引发使小麦幼苗的株高和叶面积分别增加了3%和24%（$P<0.05$）。结果表明，干旱胁迫条件下，种子引发处理可以显著改善小麦幼苗的株高和叶面积，水引发处理对小麦幼苗株高的促进作用大于褪黑素引发处理，但两者对叶面积的促进作用基本一致。

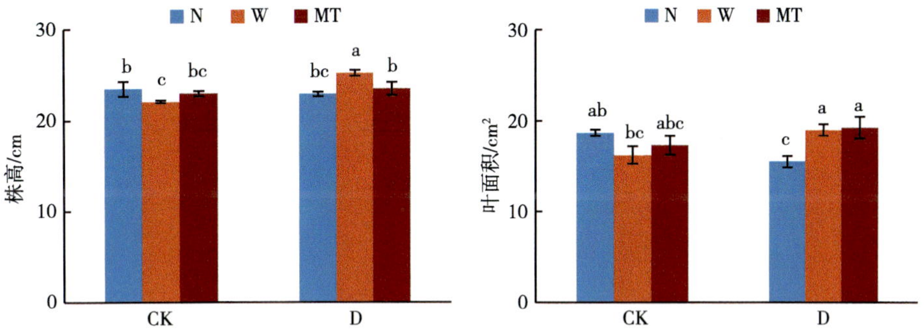

图3-1　干旱胁迫条件下种子引发处理对小麦幼苗株高和叶面积的影响

注：图中不同小写字母表示处理间差异达5%显著水平。下同。

3.1.2　根系参数

植物根系是直接接触土壤的器官，对土壤水分的变化最为敏感。当土壤水分不足时，根系会通过调整自己的形态结构来缓解干旱胁迫对植物造成的伤害。干旱胁迫条件下种子引发处理对小麦根系参数的影响如图3-2所示。与对照相比，干旱胁迫显著降低了小麦幼苗的根长、平均根直径、根表面积和根体积。与无引发处理的小麦幼苗相比，水引发使小麦幼苗的根长、平均根直径、根表面积及根体积分别显著降低了53%、43%、49%和43%；褪黑素引发使小麦幼苗的根长、平均根直径、根表面积及根体积分别显著降低了40%、48%、36%和32%。对照条件下，褪黑素引发对小麦幼苗根系参数的影响低于水引发。

干旱胁迫条件下，与无引发处理相比，水引发使小麦幼苗的根长和根表面积分别显著增加了78%和13%，使小麦幼苗平均根直径和根体积分别降低了1%和6%；褪黑素引发使小麦幼苗的根长显著增加了47%，使小麦幼苗的平均根直径、根表面积和根体积分别降低了3%、1%和3%。

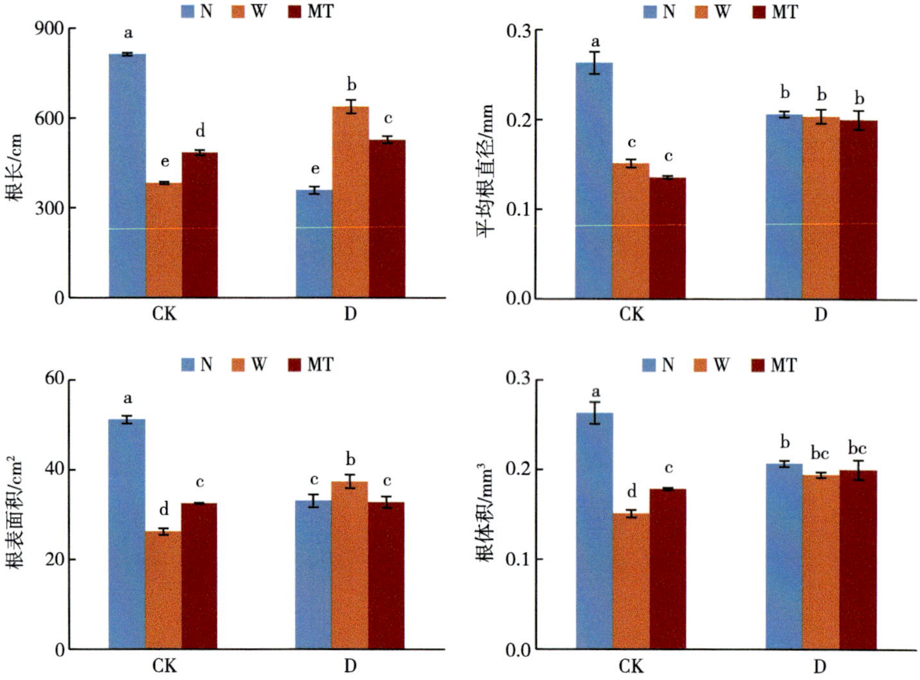

图3-2　干旱胁迫条件下种子引发处理对小麦根系参数的影响

3.2　干旱胁迫条件下种子引发处理对小麦幼苗根系解剖结构的影响

干旱胁迫条件下种子引发处理对小麦幼苗根系解剖结构的影响如图3-3所示。与对照相比，干旱胁迫使小麦幼苗根系的导管直径显著降低了30%，使小麦幼苗根皮层厚度占根直径的比例显著增加了12%。与无引发处理的小麦幼苗相比，水引发使导管直径增加了9%（$P<0.05$），根皮层厚度占根直径的比例降低了8%；褪黑素引发使小麦幼苗根系的导管直径增加了15%（$P<0.05$），根皮层厚度占根直径的比例降低了12%（$P<0.05$）。

干旱胁迫条件下，与无引发处理相比，水引发使小麦幼苗根系导管直径增加了8%，根皮层厚度占根直径的比例降低了6%；褪黑素引发使小麦幼苗根系的导管直径显著增加了48%，根皮层厚度占根直径的比例显著降低9%。研究结果表明，种子引发处理对根系解剖结构具有改善作用，褪黑素引发对根系解剖结构的调节作用效果优于水引发。

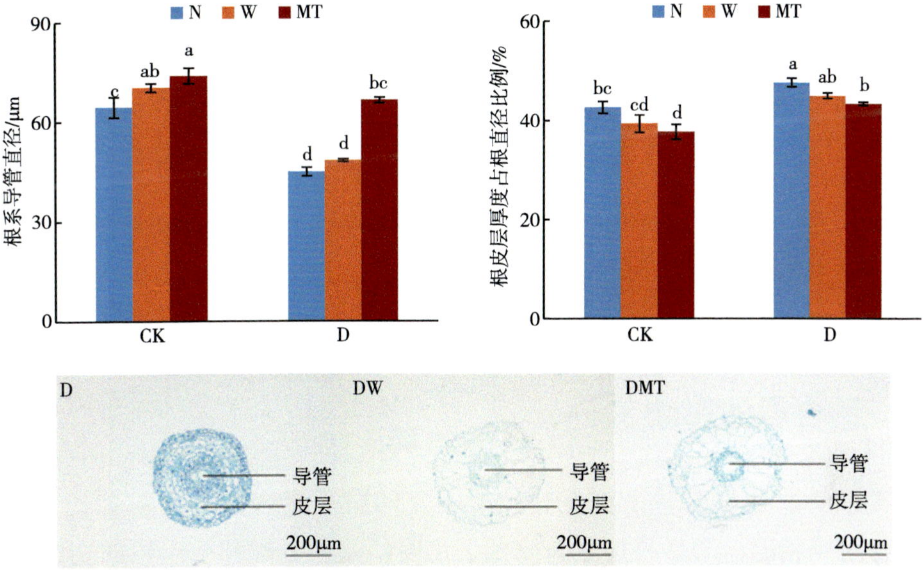

图3-3 干旱胁迫条件下种子引发处理对小麦根系解剖结构的影响

3.3 干旱胁迫条件下种子引发处理对小麦幼苗根系活力的影响

根系具有支持和固定植物地上部，吸收水分和盐类、贮藏物质以及合成氨基酸、激素等物质，根系活力是表征这些参数的重要指标。干旱胁迫条件下种子引发处理对小麦幼苗根系活力的影响如图3-4所示。与对照相比，干旱胁迫使小麦幼苗根系活力增加1.9倍。与无种子引发处理相比，水引发使小麦幼苗的根系活力显著降低了90%，褪黑素使其显著降低了89%。干旱胁迫条件下，与无种子引发处理相比，水引发使小麦幼苗根系活力显著降低91%，褪黑素引发使其降低66%（$P<0.05$）。干旱胁迫条件下经褪黑素引发之后，小麦幼苗的根系活力已恢复至对照水平。

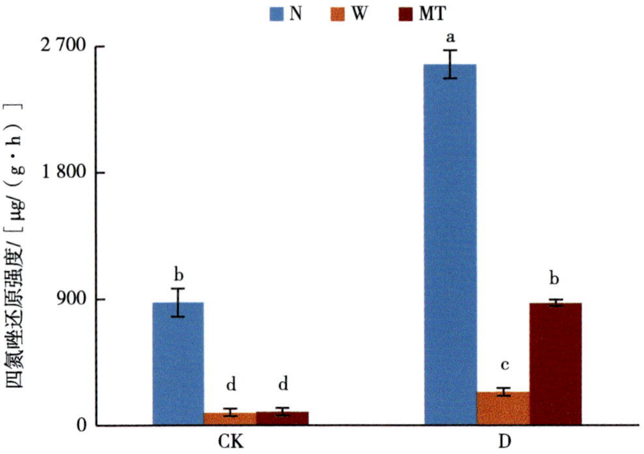

图3-4 干旱胁迫条件下种子引发处理对小麦幼苗根系活力的影响

3.4 干旱胁迫条件下种子引发处理对小麦幼苗全氮和钾、钠含量的影响

干旱胁迫条件下种子引发处理对小麦幼苗全氮含量的影响如图3-5所示。与对照相比，干旱胁迫显著降低了小麦幼苗地上部和根组织的全氮含量（18%和15%）。与无引发处理相比，水引发使小麦幼苗地上部和根组织中的全氮含量分别降低了1%和10%（$P<0.05$）；褪黑素引发使其地上部全氮含量增加2%，根组织中的全氮含量显著降低9%。干旱胁迫条件下，种子引发增加了小麦幼苗的全氮含量。与无引发处理相比，水引发使小麦幼苗地上部和根组织中的全氮含量分别增加了13%（$P<0.05$）和5%；褪黑素引发使其分别增加了11%（$P<0.05$）和5%。结果表明，只有干旱胁迫发生时，种子引发处理才对小麦幼苗的全氮含量产生调节作用。

干旱胁迫条件下种子引发处理对小麦幼苗K^+含量的影响如图3-6所示。与对照相比，水分胁迫使小麦幼苗的地上部和根组织中的K^+含量分别显著降低了11%（$P<0.05$）和23%（$P<0.05$）。与无引发处理的小麦幼苗相比，水和褪黑素引发处理均增加了小麦幼苗地上部K^+含量，降低了根组织中的K^+含量。干旱胁迫条件下，与无引发处理相比，水引发使小麦幼苗的地上部和根组织中的K^+含量均增加了6%；褪黑素引发使小麦幼苗地上部和根组织中的K^+

含量分别增加了4%和14%。结果表明，在干旱胁迫条件下，褪黑素对小麦幼苗K^+含量的调节作用优于水引发。

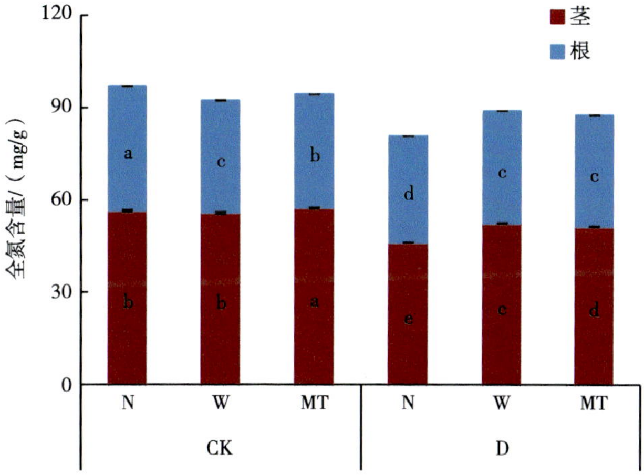

图3-5 干旱胁迫条件下种子引发处理对小麦幼苗全氮含量的影响

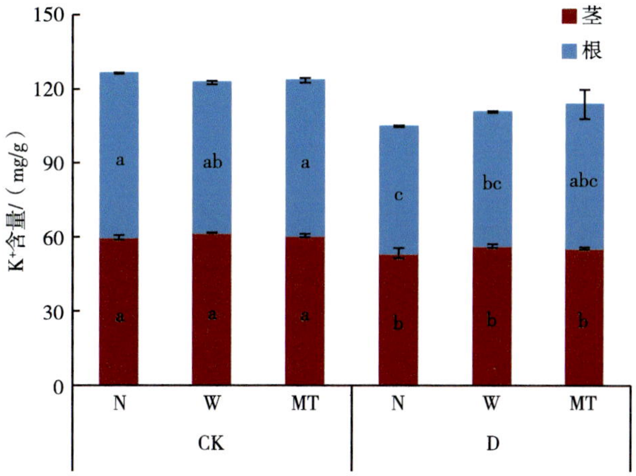

图3-6 干旱胁迫条件下种子引发处理对小麦幼苗的K^+含量的影响

干旱胁迫条件下种子引发处理对小麦幼苗Na^+含量的影响如图3-7所示。与对照相比，干旱胁迫降低了小麦幼苗地上部的Na^+含量（10%），使根组织中的Na^+含量增加6%，但差异均不显著。与无引发处理相比，水引发增加了小麦幼苗地上部和根组织中的Na^+含量（28%和4%）；褪黑素引发使小麦幼苗地上部Na^+含量增加了2%，根组织中Na^+含量降低了5%，两处理间无显著差异。干旱胁迫条件下，与无引发处理相比，水引发使小麦幼苗地上部Na^+含量增加了1%，使根组织中的Na^+含量降低了19%；褪黑素引发均降低了小麦幼苗的地上部和根组织中的Na^+含量。结果表明，干旱胁迫对小麦Na^+含量的影响不显著。

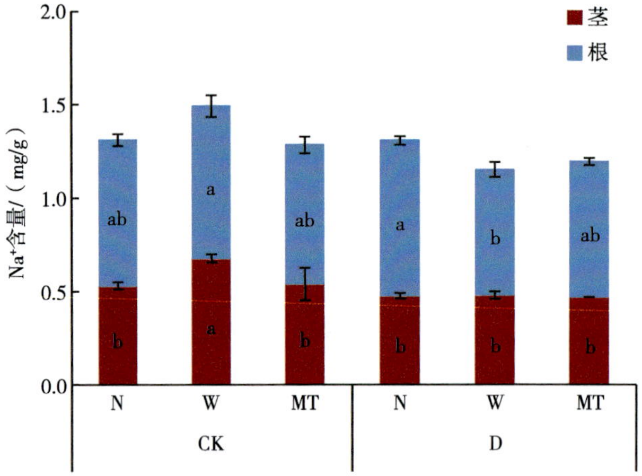

图3-7　干旱胁迫条件下种子引发处理对小麦幼苗Na^+含量的影响

干旱胁迫条件下种子引发处理对小麦幼苗Na^+/K^+的影响如图3-8所示。与对照相比，干旱胁迫显著增加了小麦幼苗根组织的Na^+/K^+。与无引发小麦幼苗相比，水引发使小麦幼苗的地上部和根组织的Na^+/K^+分别增加了22%和14%；褪黑素引发使小麦幼苗的地上部Na^+/K^+降低了3%，对根组织的Na^+/K^+无显著影响。干旱胁迫条件下，与无引发处理相比，水引发和褪黑素引发处

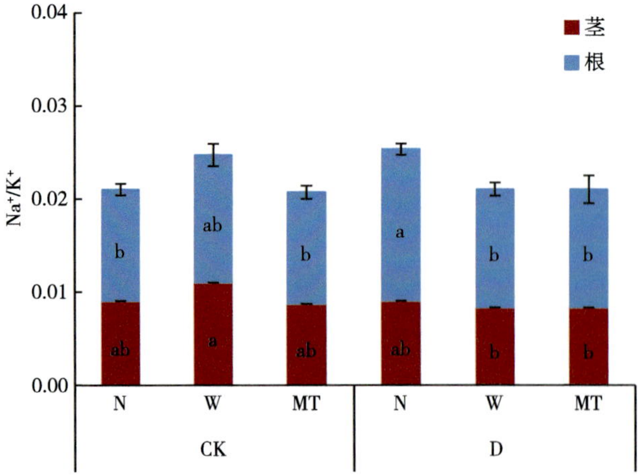

图3-8　干旱胁迫条件下种子引发处理对小麦幼苗Na^+/K^+的影响

理均使小麦幼苗的地上部和根组织的Na^+/K^+降低了8%和22%（$P<0.05$）。结果表明，引发处理对小麦幼苗根组织中Na^+/K^+调节作用更明显。

3.5 干旱胁迫条件下种子引发处理对小麦幼苗丙二醛（MDA）含量的影响

丙二醛（MDA）是植物脂质过氧化物的产物，其含量的大小反映了细胞膜受损伤的程度，但在一定范围内可以代表植物的抗旱性。干旱胁迫条件下种子引发处理对小麦幼苗丙二醛（MDA）含量的影响如图3-9所示。与对照相比，干旱胁迫显著增加了小麦幼苗地上部和根组织中MDA的含量（28%和12%）。与无引发处理相比，水引发使小麦幼苗地上部和根组织的MDA含量分别增加了4%和23%（$P<0.05$）；褪黑素引发使其地上部MDA含量显著降低36%，根组织中MDA含量显著增加65%。干旱胁迫条件下，与无引发处理相比，水引发使小麦幼苗地上部MDA含量显著降低39%，显著增加了根组织中MDA含量（16%）；褪黑素引发处理显著降低了小麦幼苗地上部和根组织中MDA含量（41%和12%）。结果表明，干旱胁迫增加了小麦幼苗的MDA含量，褪黑素引发显著降低了小麦幼苗的MDA含量，减轻了膜损伤程度。

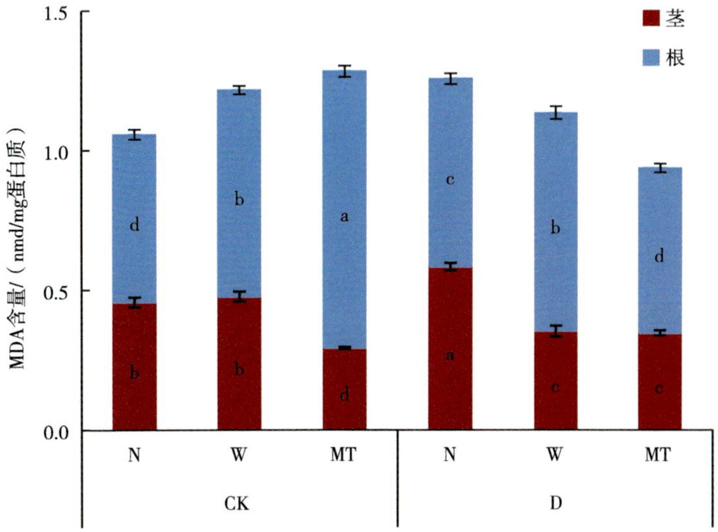

图3-9 干旱胁迫条件下种子引发处理对小麦幼苗丙二醛含量的影响

3.6 干旱胁迫条件下种子引发处理对小麦幼苗渗透调节物质和保护酶活性的影响

植物遭受干旱胁迫时，渗透调节物质增加，细胞水势降低，更有利于植物对水分的吸收。干旱胁迫条件下种子引发处理对小麦幼苗渗透调节物质的影响如表3-1所示。与对照相比，干旱胁迫使小麦幼苗地上部和根组织中的可溶性蛋白含量分别降低了13%和11%，可溶性糖含量分别增加了36%（$P<0.05$）和17%，脯氨酸含量分别增加了20%和33%（$P<0.05$）。CK处理下，与无引发小麦幼苗相比，水引发使小麦幼苗地上部的可溶性蛋白、可溶性糖和脯氨酸含量分别增加了39%（$P<0.05$）、26%（$P<0.05$）和13%，根组织中的可溶性蛋白和脯氨酸含量分别降低了27%（$P<0.05$）和2%，可溶性糖含量显著增加了74%（$P<0.05$）；褪黑素引发使小麦幼苗地上部的可溶性蛋白、可溶性糖和脯氨酸含量分别增加了37%（$P<0.05$）、1%和23%，根组织中的可溶性蛋白含量显著降低了33%，可溶性糖和脯氨酸含量分别显著增加了56%和32%。干旱胁迫条件下，与无引发小麦幼苗相比，水引发使小麦幼苗地上部可溶性蛋白、可溶性糖和脯氨酸含量分别增加了73%（$P<0.05$）、4%和22%，使根组织中的可溶性糖和脯氨酸含量分别显著增加了39%（$P<0.05$）和26%（$P<0.05$）；褪黑素引发使其地上部可溶性蛋白和

表3-1 干旱胁迫条件下种子引发处理对小麦幼苗渗透调节物质的影响

处理		可溶性蛋白/（mg/g）		可溶性糖/（mg/g）		脯氨酸/（μg/g）	
		茎	根	茎	根	茎	根
CK	N	8.38 ± 0.57b	2.73 ± 0.14a	2.12 ± 0.08d	0.66 ± 0.00c	2.22 ± 0.11c	2.74 ± 0.18c
	W	11.67 ± 0.12a	2.00 ± 0.27ab	2.67 ± 0.02c	1.16 ± 0.05ab	2.52 ± 0.04c	2.67 ± 0.15c
	MT	11.49 ± 0.14a	1.82 ± 0.05b	2.14 ± 0.01d	1.04 ± 0.03b	2.74 ± 0.15bc	3.61 ± 0.30b
D	N	7.33 ± 0.11b	2.43 ± 0.07ab	2.88 ± 0.05b	0.77 ± 0.01c	2.67 ± 0.14bc	3.63 ± 0.02b
	W	12.65 ± 0.27a	2.42 ± 0.05ab	3.01 ± 0.02a	1.07 ± 0.06ab	3.27 ± 0.41b	4.57 ± 0.20a
	MT	11.77 ± 1.13a	2.58 ± 0.46ab	2.14 ± 0.03d	1.18 ± 0.01a	4.04 ± 0.26a	4.53 ± 0.28a

注：表中不同小写字母表示处理间差异达5%显著水平。

脯氨酸含量分别增加了61%（$P<0.05$）和51%（$P<0.05$），可溶性糖含量降低了26%（$P<0.05$），使根组织中的可溶性糖、可溶性蛋白和脯氨酸含量分别增加了6%、52%（$P<0.05$）和25%（$P<0.05$）。结果表明，在干旱胁迫条件下，渗透调节物质中脯氨酸起主要调节作用。外源褪黑素对小麦种子引发处理后可以调节渗透调节物质含量，降低细胞膜脂过氧化程度。

植物遭受干旱胁迫后，体内产生大量的活性氧对植物造成毒害作用。此时，植物通过启动抗氧化酶系统来清除活性氧提高植物的抗逆能力。干旱胁迫条件下种子引发处理对小麦幼苗保护酶活性的影响如图3-10所示。与对照相比，干旱胁迫使小麦幼苗地上部的超氧化物歧化酶（SOD）增加了4%，过氧化物酶（POD）无变化，过氧化氢酶（CAT）降低了1%，根组织中的SOD和POD分别显著增加了2.2倍和2.4倍，CAT活性显著降低了24%（$P<0.05$）。结果表明，干旱胁迫条件下，地上部抗氧化酶无显著变化，但显著影响根系的抗氧化酶活性。与无引发小麦幼苗相比，水引发使小麦幼苗的地上部SOD、POD和CAT活性分别显著降低了32%（$P<0.05$）、16%（$P<0.05$）和25%（$P<0.05$），根组织中的SOD、POD和CAT活性分别显著增加了56%（$P<0.05$）、40%（$P<0.05$）和44%（$P<0.05$）；褪黑素引发处理使小麦幼苗地上部的SOD、POD和CAT活性分别显著降低了14%（$P<0.05$）、45%（$P<0.05$）和22%（$P<0.05$），根组织中的SOD、POD和CAT活性分别显著增加了139%（$P<0.05$）、80%（$P<0.05$）和115%（$P<0.05$）。结果表明，CK处理条件下，引发处理主要通过增加根组织中的抗氧化酶活性调节小麦幼苗的生长。干旱胁迫条件下，与无引发小麦幼苗相比，水引发使其地上部的SOD、POD和CAT活性分别显著降低了19%（$P<0.05$）、69%（$P<0.05$）和28%（$P<0.05$），根组织中的SOD和POD活性分别增加了1.3倍和0.53倍，CAT活性降低了7%；褪黑素引发使小麦幼苗地上部SOD、POD和CAT活性分别显著降低了35%（$P<0.05$）、36%（$P<0.05$）和24%（$P<0.05$），根组织中的SOD和CAT活性分别显著降低了22%（$P<0.05$）和38%（$P<0.05$），POD活性增加了36%（$P<0.05$）。结果表明，干旱胁迫条件下水引发通过SOD和POD起主要调节作用，褪黑素引发处理条件下SOD和CAT起主要调节作用。

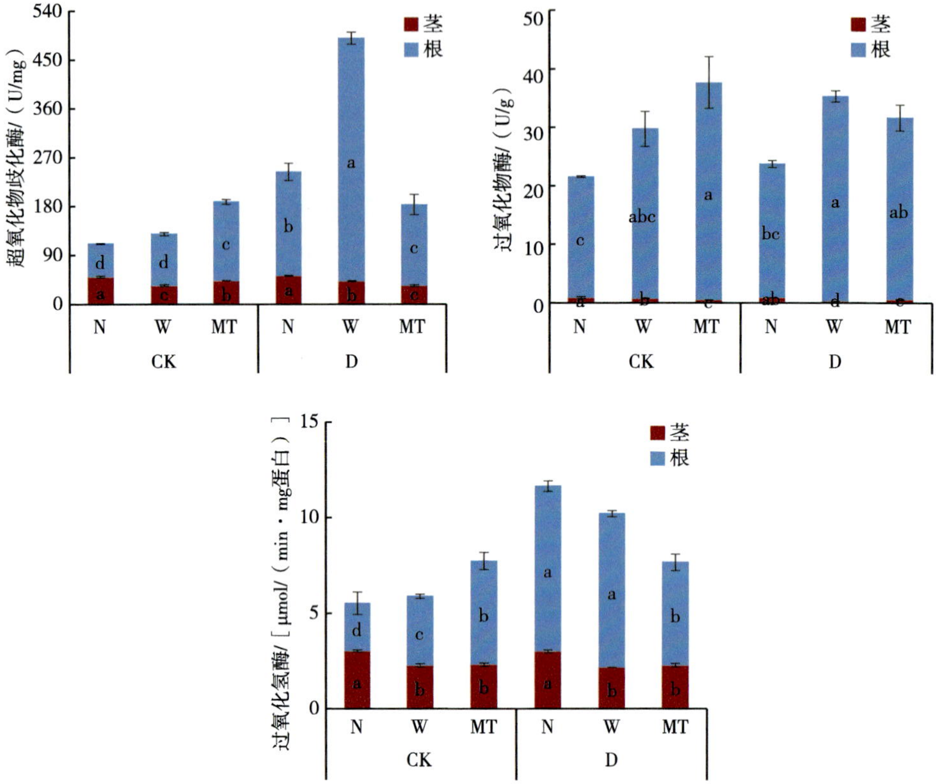

图3-10　干旱胁迫条件下种子引发处理对小麦幼苗保护酶活性的影响

注：U表示一个酶活力单位。

3.7　干旱胁迫条件下种子引发处理对小麦幼苗非结构碳水化合物含量的影响

非结构性碳水化合物（淀粉、蔗糖、果糖）是光合作用的产物，是植物赖以生存和生长的能量储存物质，可溶性糖（蔗糖和果糖）为植物的生长、呼吸作用、防御系统以及渗透物质调节等生理活动提供可直接利用的底物与能量。干旱胁迫条件下种子引发处理对小麦幼苗非结构碳水化合物的影响如图3-11所示。与对照相比，干旱胁迫使小麦幼苗地上部的果糖降低了1%，蔗糖和淀粉含量分别增加了3%和17%（$P<0.05$），根组织中的果糖含量降低了24%（$P<0.05$），蔗糖含量增加了3%，淀粉含量无变化。结果

表明，干旱胁迫条件下小麦幼苗将更多的淀粉保留在地上部。CK处理下，与无引发小麦幼苗相比，水引发使小麦幼苗地上部和根组织中的果糖含量分别显著降低了58%（$P<0.05$）和57%（$P<0.05$），蔗糖含量分别显著增加了43%（$P<0.05$）和79%（$P<0.05$），小麦幼苗地上部的淀粉含量增加了30%，但根组织中的淀粉含量显著降低了23%（$P<0.05$）；褪黑素引发使小麦幼苗地上部的果糖含量显著降低了68%（$P<0.05$），蔗糖和淀粉含量分别增加了15%（$P<0.05$）和1%，根组织中的果糖和淀粉含量分别显著降低了66%和23%，蔗糖含量显著增加了30%（$P<0.05$）。干旱胁迫条件下，与无引发小麦幼苗相比，水引发使小麦幼苗地上部果糖含量显著降低了65%（$P<0.05$），蔗糖和淀粉含量分别显著增加了27%（$P<0.05$）和8%（$P<0.05$），使根组织中的果糖和淀粉含量分别显著降低了52%（$P<0.05$）和17%（$P<0.05$），蔗糖含量显著增加了8%（$P<0.05$）；褪黑素引发使小麦幼苗地上部果糖和淀粉含量分别降低了66%（$P<0.05$）和2%，蔗糖含量显著增加了50%（$P<0.05$），根组织中的果糖和淀粉含量分别显著降低了41%（$P<0.05$）和16%（$P<0.05$），蔗糖含量显著增加了65%（$P<0.05$）。

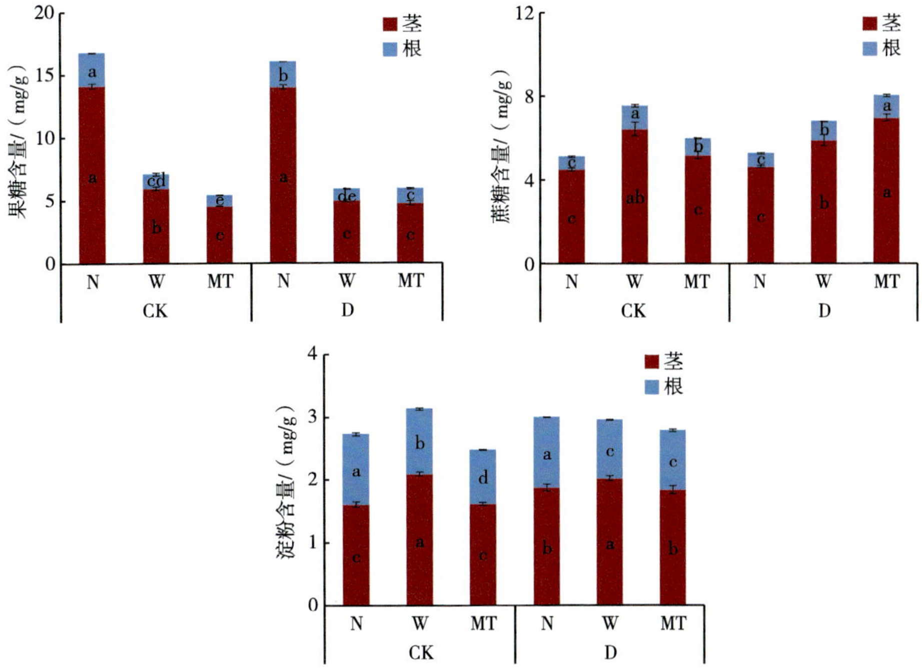

图3-11　干旱胁迫条件下种子引发处理对小麦幼苗非结构碳水化合物含量的影响

结果表明，干旱胁迫条件下，引发处理主要通过增加小麦幼苗中的蔗糖含量来减轻水分胁迫对小麦幼苗的影响。

3.8 干旱胁迫条件下种子引发处理对小麦幼苗根系导水率的影响

根系导水率是表征植物根系吸水能力的一个重要指标。干旱胁迫条件下种子引发处理对小麦幼苗根系导水率的影响如图3-12所示。与对照相比，干旱胁迫显著降低了小麦幼苗的单株根系导水率（27%）。CK处理下，与无引发小麦幼苗相比，水引发使小麦幼苗单株根系导水率增加了12%，褪黑素引发使其增加了20%（$P<0.05$）。水分胁迫条件下，与无引发小麦幼苗相比，水引发使小麦幼苗单株根系导水率增加了29%（$P<0.05$），褪黑素引发处理使其增加了53%（$P<0.05$）。结果表明，水引发和褪黑素引发均显著提高了小麦幼苗的单株根系导水率。

根据Hogen-Poiseuille的理论，理论根系导水率是根据导管直径的4次方计算的，根系的导管直径越大，其根系导管导水能力就越高，水分的运输能力就越强。图3-12表明，干旱胁迫使小麦幼苗的理论根系导水率显著降低了77%（$P<0.05$）。CK处理下，与无引发小麦幼苗相比，水引发使小麦幼苗理论根系导水率显著增加了39%（$P<0.05$），褪黑素引发使其显著增加了70%（$P<0.05$）。干旱胁迫条件下，与无引发小麦幼苗相比，水引发使小麦幼苗理论根系导水率显著增加了32%（$P<0.05$），褪黑素引发使其增加了3.8倍。

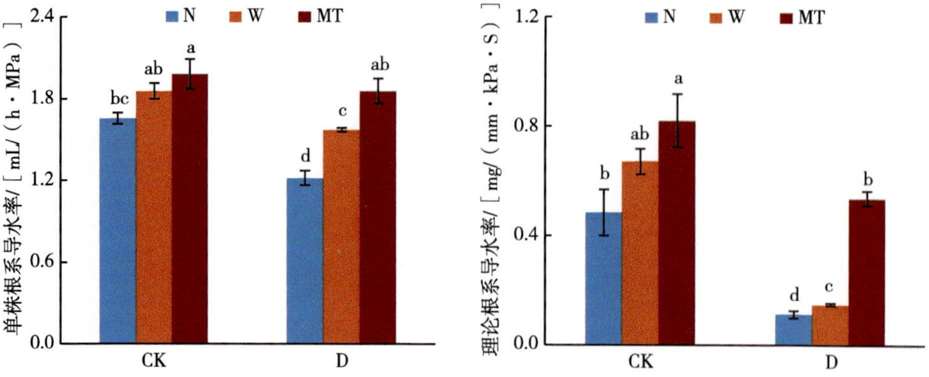

图3-12　干旱胁迫条件下种子引发处理对小麦幼苗根系导水率的影响

通过对株高、叶面积、根系参数、全氮和离子含量、渗透调节物质、抗氧化酶活性，非结构碳水化合物、单株根系导水率、理论根系导水率进行冗余分析（图3-13）。结果表明，SOD、CAT和MDA是保护酶中影响根系导水率的主要因素，且解释变异率达95.05%，抗氧化酶对根系导水率的提高有积极作用；可溶性糖和可溶性蛋白是渗透调节物质中影响单株根系导水率的主要因素，解释总体变异率为92.59%；单株根系导水率和理论根系导水率与根皮层厚度占根直径的比例成反比，与导管直径和根系活力成正比，根皮层厚度占根直径的比例、导管直径和根系活性是根系参数中影响根系导水率的主要因素，解释总体变异率为91.02%；蔗糖和根系导水率呈正相关，是非结构碳水化合物中影响根系导水率的主要因素，解释总体变异率为86.77%；地上部中的全氮含量和根组织中的K^+含量是根系导水率影响全氮和离子含量的主要因素，解释总体变异率为86.77%。

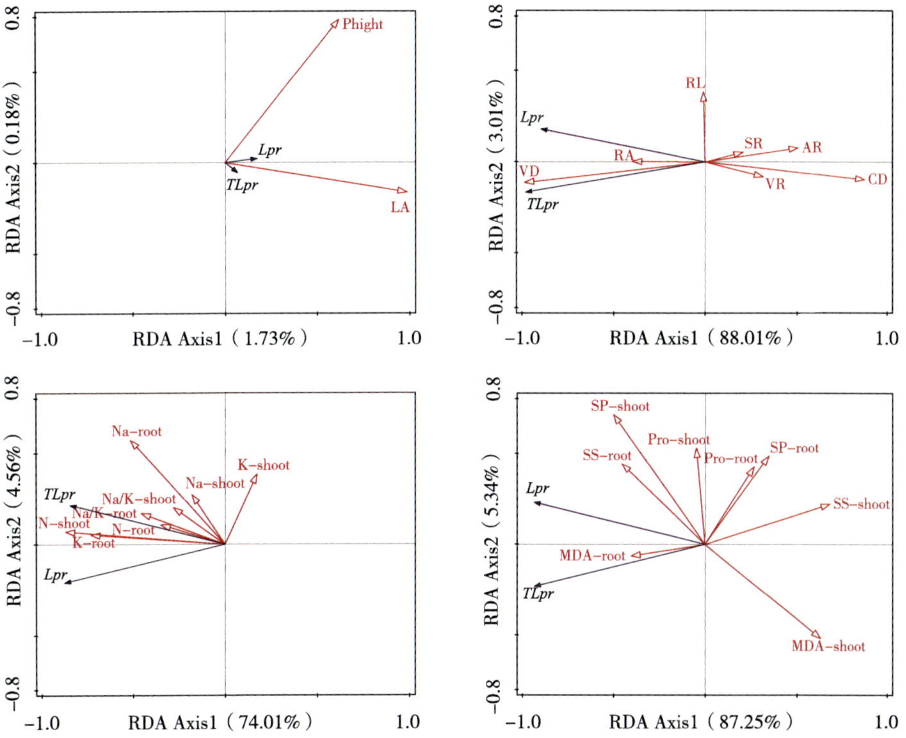

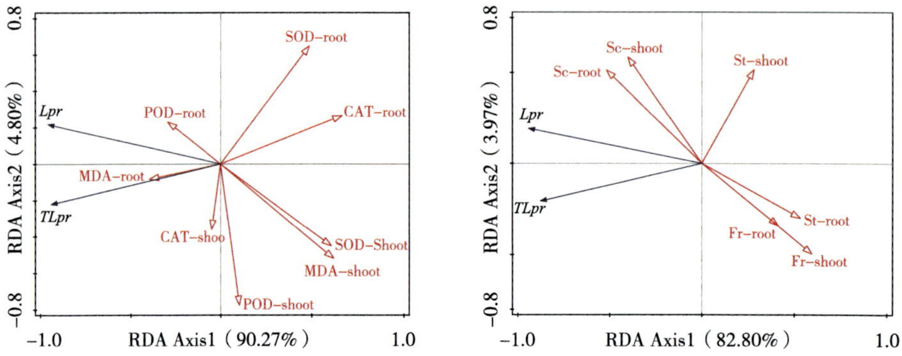

图3-13　干旱胁迫和种子引发条件下小麦幼苗根系导水率与形态和生化参数的关系

注：Phight为株高；Lpr为根系导水率；TLpr为理论根系导水率；LA为叶面积；RL为根长；AR为平均根直径；SR为根表面积；RA为根系活力；VR为根体积；VD为导管直径；CD为根皮层厚度占根直径的比例；Pro为脯氨酸；SP为可溶性蛋白；SS为可溶性糖；Fr为果糖；Sc为蔗糖；St为淀粉。

3.9　小结

（1）干旱胁迫使小麦幼苗的单株根系导水率和理论根系导水率分别显著降低了27%和77%。水分胁迫降低了小麦幼苗的株高、叶面积、根长；增加了根平均直径、根系活力、根皮层厚度占根直径的比例；降低了小麦幼苗的全氮和K^+含量，增加了Na^+含量；增加了渗透调节物质MDA、可溶性蛋白、可溶性糖和脯氨酸含量；增加抗氧化酶SOD、POD和CAT的活性；降低了非结构碳水化合物果糖的含量，增加了淀粉和蔗糖的含量。

（2）水引发和褪黑素引发增加了单株根系导水率和理论根系导水率。干旱胁迫条件下引发处理促进小麦幼苗株高、叶面积、根长和导管直径的增加，降低了平均根直径、根系活力和根皮层厚度占根直径的比例；增加了全氮和K^+含量，降低了Na^+含量；降低了MDA含量，增加了可溶性蛋白、可溶性糖和脯氨酸等渗透调节物质含量；降低SOD和CAT活性，增加了POD活性；增加了蔗糖含量，降低了淀粉含量。总体分析比较，干旱胁迫条件下褪黑素引发效果优于水引发处理。CK条件下，水引发和褪黑素引发处理并未对根系导水率产生显著的促进作用。

4 褪黑素引发对盐胁迫下小麦幼苗根系导水率的影响

盐胁迫是全球农业可持续发展的重大威胁。小麦属中度耐盐作物，在种子发芽和幼苗生长时期对盐分比较敏感。盐碱地种植的小麦减产可达60%以上。科学应用外源物质是应对盐胁迫的一种有效方法。褪黑素是一种信号分子，参与对盐度、碱度、低温和干旱等非生物胁迫的防御反应。根系是最先感受盐分胁迫的器官，但有关褪黑素对盐分胁迫下小麦根系调控研究较少。本章主要研究了盐胁迫下褪黑素引发对小麦幼苗生理指标的影响，尤其根系特征以及根系导水率，探究褪黑素对盐分胁迫下小麦幼苗根系导水率的调控机制。

4.1 盐分胁迫条件下种子引发处理对小麦幼苗形态指标的影响

4.1.1 株高和叶面积

盐分胁迫条件下种子引发处理对小麦幼苗株高和叶面积的影响如图4-1所示。与对照相比，盐分胁迫对小麦幼苗的株高无显著影响，使其叶面积显著降低了23%（$P<0.05$）。盐分胁迫下水引发使小麦幼苗株高和叶面积分别显著增加了12%（$P<0.05$）和29%（$P<0.05$）；褪黑素引发使小麦幼苗株高和叶面积分别显著增加了15%（$P<0.05$）和37%（$P<0.05$）。结果表明，盐分胁迫对小麦幼苗株高的影响差异不显著，但显著抑制了小麦幼苗的叶面积增加；盐分胁迫下水和褪黑素引发均显著提高了小麦幼苗的株高和叶面积。

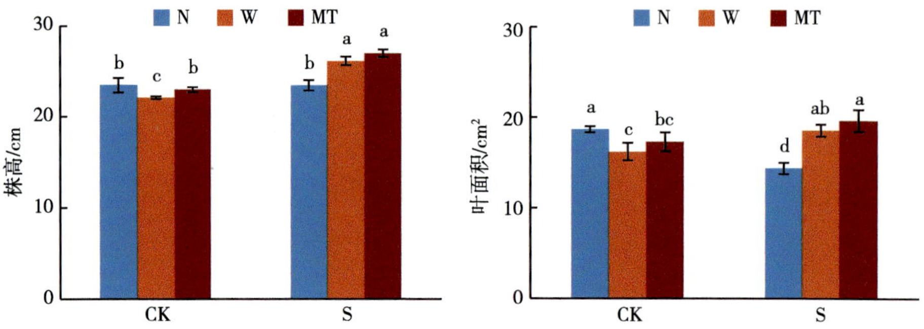

图4-1　盐分胁迫条件下种子引发处理对小麦幼苗株高和叶面积的影响

注：图中不同小写字母表示处理间差异达5%显著水平。下同。

4.1.2　根系参数

盐分胁迫条件下种子引发处理对小麦幼苗根系参数的影响如图4-2所示。与对照相比，盐分胁迫使小麦幼苗的根长显著降低了30%（$P<0.05$）。盐分胁迫条件下，水引发和褪黑素引发使小麦幼苗根长分别显著增加了15%（$P<0.05$）和25%（$P<0.05$）。与对照相比，盐分胁迫使小麦幼苗的平均根直径显著降低了55%；引发处理显著提高了小麦幼苗的平均根直径。水引发使小麦幼苗的平均根直径显著增加了20%（$P<0.05$），褪黑素引发使其增加了78%（$P<0.05$）。与对照相比，盐分胁迫使小麦幼苗的根表面积显著降低了43%（$P<0.05$）。水引发显著增加了小麦幼苗根表面积（10%），褪黑素引发使其显著增加了74%（$P<0.05$），表明盐分胁迫条件下小麦幼苗根表面积对褪黑素的响应更敏感。与对照相比，盐分胁迫显著降低了小麦幼苗的根体积（$P<0.05$）。盐分胁迫条件下，水引发和褪黑素引发使根体积分别增加0.25倍和1倍。

上述结果表明，盐分胁迫显著降低了小麦幼苗的根长、平均根直径、根表面积和根体积。引发处理均改善了盐分胁迫条件下小麦幼苗的根长、平均根直径、根表面积和根体积，与水引发相比，褪黑素引发处理的改善效果更显著。

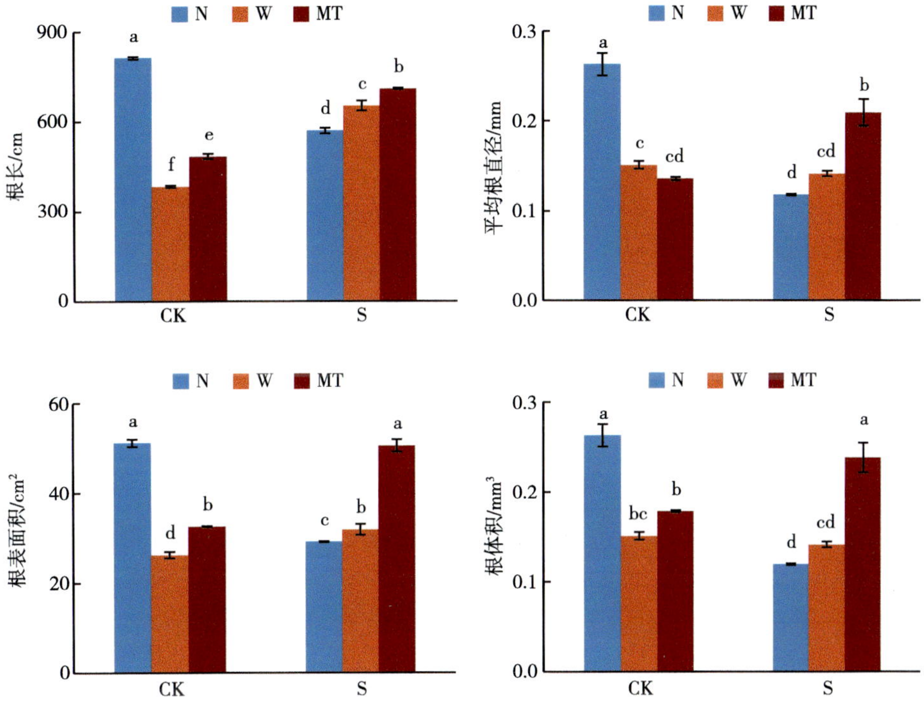

图4-2　盐分胁迫条件下种子引发处理对小麦幼苗根系参数的影响

4.2　盐分胁迫条件下种子引发处理对小麦幼苗根系解剖结构的影响

盐分胁迫条件下种子引发处理对小麦幼苗根系解剖结构的影响如图4-3所示。与对照相比，盐分胁迫使小麦幼苗根系的导管直径显著降低24%（P<0.05），使根皮层厚度占根直径的比例显著增加了20%（P<0.05），从而增加了根系对水分和养分吸收的径向阻力。水引发使小麦幼苗的导管直径降低了1%，使根皮层厚度占根直径的比例降低了15%（P<0.05）；褪黑素引发使小麦幼苗的导管直径显著增加了11%（P<0.05），根皮层厚度占根直径的比例显著降低了16%（P<0.05）。结果表明，盐分胁迫条件下引发处理调节了小麦幼苗的根系解剖结构，导管直径对褪黑素的引发效果更敏感。

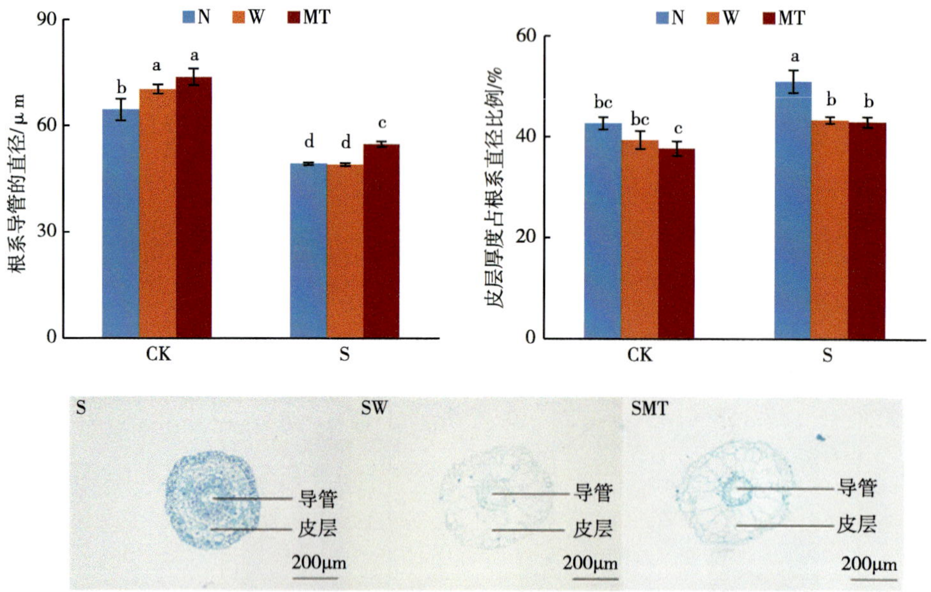

图4-3　盐分胁迫条件下种子引发处理对小麦根系解剖结构的影响

4.3　盐分胁迫条件下种子引发处理对小麦幼苗根系活力的影响

根的生长情况和活力水平直接影响植物个体的生长情况、营养状况和产量水平。盐分胁迫条件下种子引发处理对小麦幼苗根系活力的影响如图4-4所示。与对照相比，盐分胁迫使小麦幼苗的根系活力显著降低了92%（$P<0.05$）。

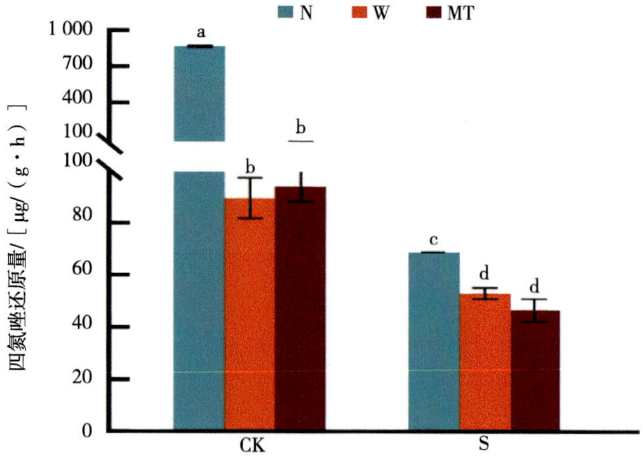

图4-4　盐分胁迫条件下种子引发处理对小麦幼苗根系活力的影响

水引发和褪黑素引发使小麦幼苗根系活力分别显著降低了23%（$P<0.05$）和32%（$P<0.05$）。结果表明，盐分胁迫对小麦幼苗的根系活力有显著抑制作用且引发处理未改善根系活力。

4.4 盐分胁迫条件下种子引发处理对小麦幼苗全氮和钾、钠含量的影响

氮是植物生长发育必需的大量元素之一。盐分胁迫条件下种子引发处理对小麦幼苗氮含量的影响如图4-5所示。与对照相比，盐分胁迫使小麦幼苗地上部全氮含量显著降低了6%，根组织中的全氮含量增加了3%。水引发使盐分胁迫下的小麦幼苗地上部组织中全氮含量增加了2%，根组织中全氮含量降低了7%；褪黑素引发使小麦幼苗地上部的全氮含量增加了4%（$P<0.05$），根组织中的全氮含量降低了6%。结果表明，盐分胁迫条件下褪黑素对小麦幼苗地上部组织中全氮含量的调节作用更显著。

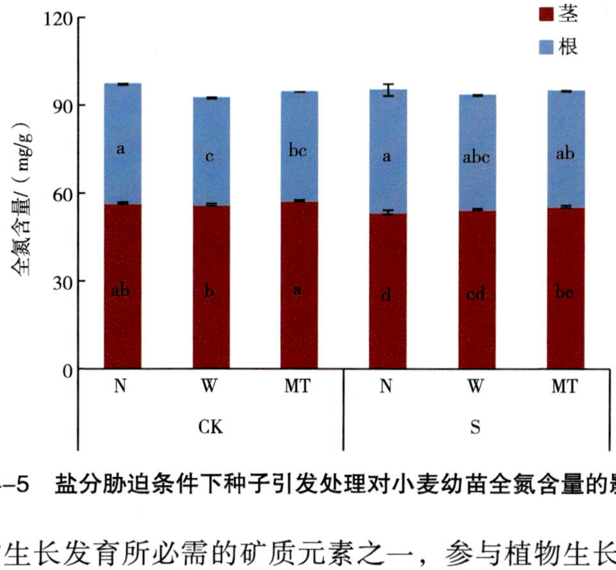

图4-5 盐分胁迫条件下种子引发处理对小麦幼苗全氮含量的影响

K^+是植物生长发育所必需的矿质元素之一，参与植物生长发育中许多重要的生理生化过程，在植物生长发育进程中具有非常重要的作用。从图4-6可以看出，与对照相比，盐分胁迫使小麦幼苗地上部和根组织中的K^+含量分别显著降低了9%（$P<0.05$）和11%（$P<0.05$）。水引发使小麦幼苗的地上部和根组织中的K^+含量分别增加了3%和2%；褪黑素引发仅使小麦幼苗地上

部的K^+含量增加了6%。结果表明，盐分胁迫显著降低了小麦幼苗的K^+含量，引发处理增加了小麦幼苗地上部的K^+含量。

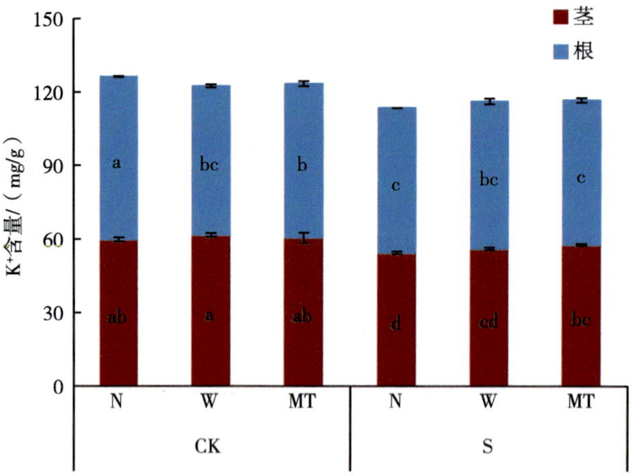

图4-6　盐分胁迫条件下种子引发处理对小麦幼苗K^+含量的影响

植物把吸收的Na^+分配在不同器官组织中来增加植物的抗盐性。盐分胁迫条件下种子引发处理对小麦幼苗Na^+含量的影响如图4-7所示。与对照相比，盐分胁迫使小麦幼苗地上部和根组织中的Na^+分别增加了3.4倍和3.8倍。水引发和褪黑素引发使小麦幼苗地上部的Na^+含量分别显著增加了24%（$P<0.05$）和13%（$P<0.05$），使小麦幼苗根系中的Na^+含量分别降低了11%（$P<0.05$）和2%。结果表明，盐分胁迫显著增加了小麦幼苗的Na^+含量，但水引发和褪黑素引发并未显著降低小麦幼苗的Na^+含量。

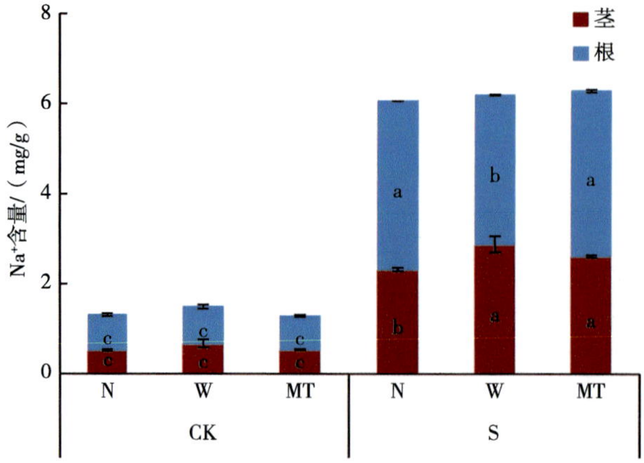

图4-7　盐分胁迫条件下种子引发处理对小麦幼苗Na^+含量的影响

植物在盐分条件下细胞内会维持比较稳定的Na^+/K^+来适应盐分胁迫。从图4-8可以看出盐分胁迫使小麦幼苗的地上部和根系组织中Na^+/K^+分别增加了3.7倍和4.3倍。水引发使小麦幼苗地上部的Na^+/K^+显著增加了19%（$P<0.05$），根组织中Na^+/K^+显著降低了12%（$P<0.05$）；褪黑素引发使小麦幼苗地上部Na^+/K^+显著增加了6%（$P<0.05$），根组织中Na^+/K^+显著降低了2%（$P<0.05$）。结果表明，引发处理未显著改善小麦幼苗的Na^+/K^+。

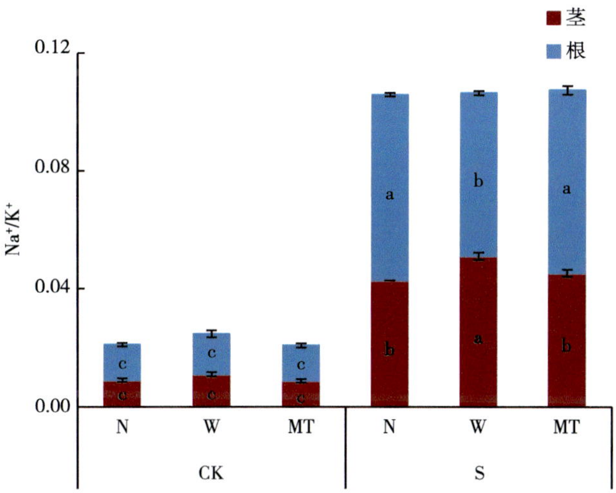

图4-8　盐分胁迫条件下种子引发处理对小麦幼苗Na^+/K^+的影响

4.5　盐分胁迫条件下种子引发处理对小麦幼苗丙二醛（MDA）含量的影响

从图4-9可以看出，与对照相比盐分胁迫使小麦幼苗的地上部和根组织的MDA含量分别显著增加了19%（$P<0.05$）和51%（$P<0.05$）。盐分胁迫下水引发使小麦幼苗地上部MDA含量显著降低了17%（$P<0.05$），根组织中MDA含量显著降低了15%（$P<0.05$）；褪黑素引发使小麦幼苗地上部MDA含量降低了5%，根组织中的MDA含量显著增加了25%（$P<0.05$）。结果表明，水引发处理显著降低了盐分胁迫下小麦幼苗的MDA含量。

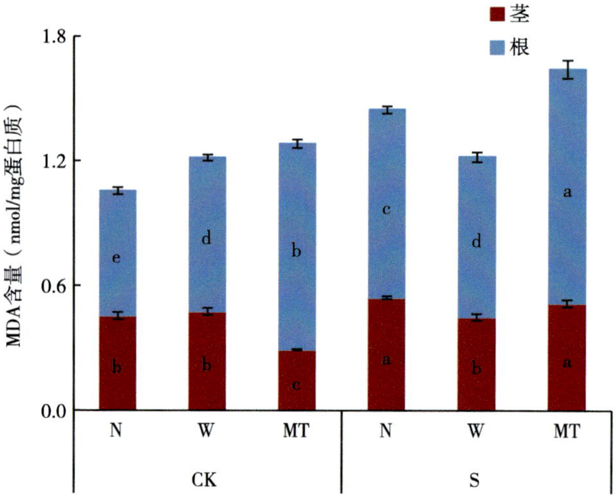

图4-9　盐分胁迫条件下种子引发处理对小麦幼苗MDA含量的影响

4.6　盐分胁迫条件下种子引发处理对小麦幼苗渗透调节物质和保护酶活性的影响

从表4-1可以看出，与对照相比，盐分胁迫使小麦幼苗地上部和根组织中的可溶性蛋白含量分别显著降低12%和35%（$P<0.05$）；脯氨酸的含量分别显著增加了7%和9%（$P<0.05$）；小麦幼苗地上部可溶性糖含量降低了2%，根组织中的可溶性糖含量增加了16%。盐分胁迫条件下，水引发使小麦幼苗地上部可溶性蛋白、可溶性糖和脯氨酸含量分别显著增加了45%（$P<0.05$）、26%（$P<0.05$）和111%（$P<0.05$），根组织中分别显著增加了32%（$P<0.05$）、39.0%（$P<0.05$）和34%（$P<0.05$）；褪黑素引发处理增加了地上部可溶性蛋白含量，根组织中的可溶性蛋白显著降低了25%（$P<0.05$），小麦幼苗地上部的可溶性糖和脯氨酸含量分别显著增加了33.7%（$P<0.05$）和72.2%（$P<0.05$），根组织中的可溶性糖和脯氨酸含量分别显著增加了53.2%（$P<0.05$）和32%（$P<0.05$）。结果表明，在盐分胁迫条件，水引发和褪黑素引发处理主要通过增加小麦幼苗的脯氨酸含量来缓解盐分对小麦幼苗造成的伤害。

表4-1 盐分胁迫条件下种子引发处理对小麦幼苗渗透调节物质的影响

处理		可溶性蛋白/（mg/g）		可溶性糖/（mg/g）		脯氨酸/（μg/g）	
		茎	根	茎	根	茎	根
CK	N	8.38 ± 0.57b	2.73 ± 0.14a	2.12 ± 0.08c	0.66 ± 0.00c	2.22 ± 0.11d	2.74 ± 0.18c
	W	11.67 ± 0.12a	2.00 ± 0.27bc	2.67 ± 0.02b	1.16 ± 0.05ab	2.52 ± 0.04cd	2.67 ± 0.15c
	MT	11.49 ± 0.14a	1.82 ± 0.05c	2.14 ± 0.01c	1.04 ± 0.03b	2.74 ± 0.15c	3.61 ± 0.30b
S	N	7.40 ± 0.02b	1.77 ± 0.02c	2.08 ± 0.06c	0.77 ± 0.01c	2.37 ± 0.16cd	2.99 ± 0.19bc
	W	10.74 ± 1.30a	2.32 ± 0.29b	2.62 ± 0.06b	1.07 ± 0.06ab	5.02 ± 0.06a	4.00 ± 0.13a
	MT	8.23 ± 0.09b	1.33 ± 0.08d	2.78 ± 0.03a	1.18 ± 0.01a	4.08 ± 0.25b	3.95 ± 0.30a

注：表中不同小写字母表示处理间差异达5%显著水平。

盐分胁迫条件下种子引发处理对小麦幼苗保护酶活性的影响如图4-10所示。与对照相比，盐分胁迫使小麦幼苗地上部的SOD和CAT活性分别增加了17%（$P<0.05$）和2%，POD活性降低了5%，根组织中的SOD和POD活性分别显著增加了133%（$P<0.05$）和71%（$P<0.05$），CAT活性降低了27%。水引发降低了盐分胁迫条件下小麦幼苗地上部的SOD、POD和CAT活性（26%、15%、12%），根组织中的SOD活性显著降低了31%，POD和CAT活性分别增加了6%和98%（$P<0.05$）。盐分胁迫条件下，褪黑素引发处理使小麦幼苗地上部的SOD、POD和CAT活性分别增加了8%（$P<0.05$）、67%（$P<0.05$）和8%；根组织中的SOD活性显著降低了21%（$P<0.05$），POD和CAT活性分别显著增加了64%（$P<0.05$）和288%（$P<0.05$）。结果表明，在盐分胁迫条件下，水引发处理通过降低小麦幼苗地上部CAT活性来缓解氧化胁迫带来的损伤，褪黑素引发处理则通过降低小麦幼苗根组织中SOD活性和增加根组织中POD活性来平衡活性氧。

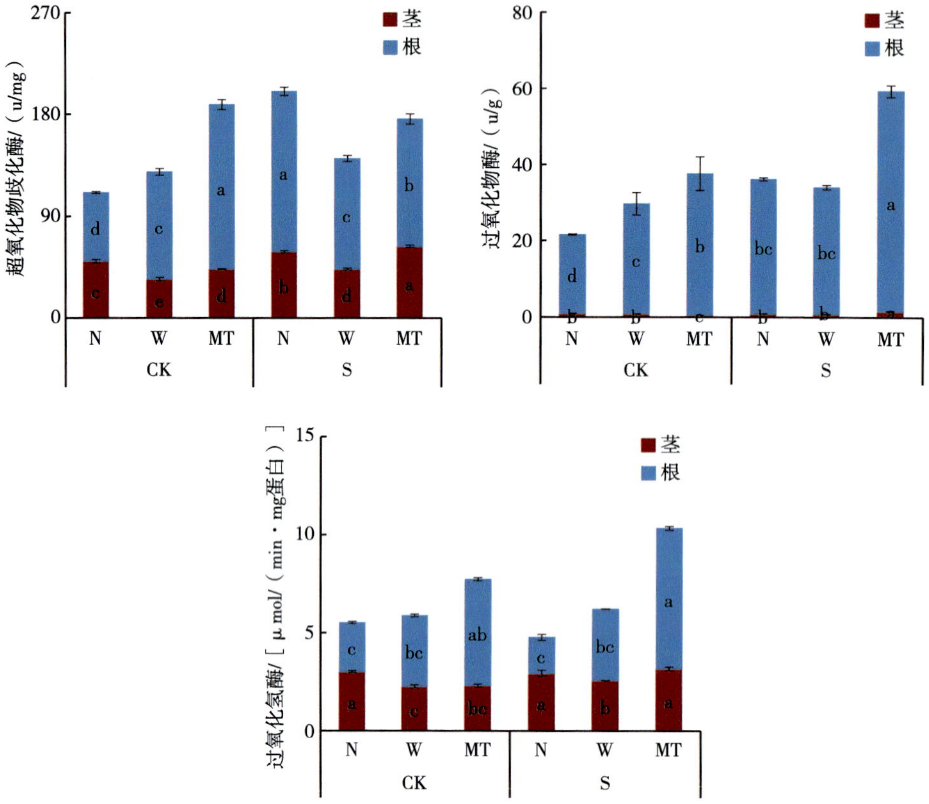

图4-10　盐分胁迫条件下种子引发处理对小麦幼苗保护酶活性的影响

4.7　盐分胁迫条件下种子引发处理对小麦幼苗非结构碳水化合物含量的影响

从图4-11可以看出，盐分胁迫使小麦幼苗地上部的果糖、蔗糖和淀粉含量分别降低了8%、13%和19%（$P<0.05$），根组织中果糖、蔗糖和淀粉含量分别降低了30%（$P<0.05$）、34%（$P<0.05$）和1%。盐分胁迫下，水引发处理使小麦幼苗地上部和根组织中的果糖含量分别显著降低了60%和63%，地上部蔗糖和淀粉含量分别显著增加了45%和59%；根组织中的蔗糖含量增加了1.27倍，淀粉含量显著降低了12%。褪黑素引发处理使盐分胁迫下小麦幼苗地上部的果糖含量显著降低了63%，蔗糖和淀粉含量分别显著增加了37%和28%；根组织中的果糖含量显著降低了58%，蔗糖和淀粉含量分别显

著增加了72%和20%。上述结果表明，在盐分胁迫条件下，水引发和褪黑素引发通过增加小麦幼苗的蔗糖含量以平衡渗透胁迫，增加其对盐分胁迫的适应性。

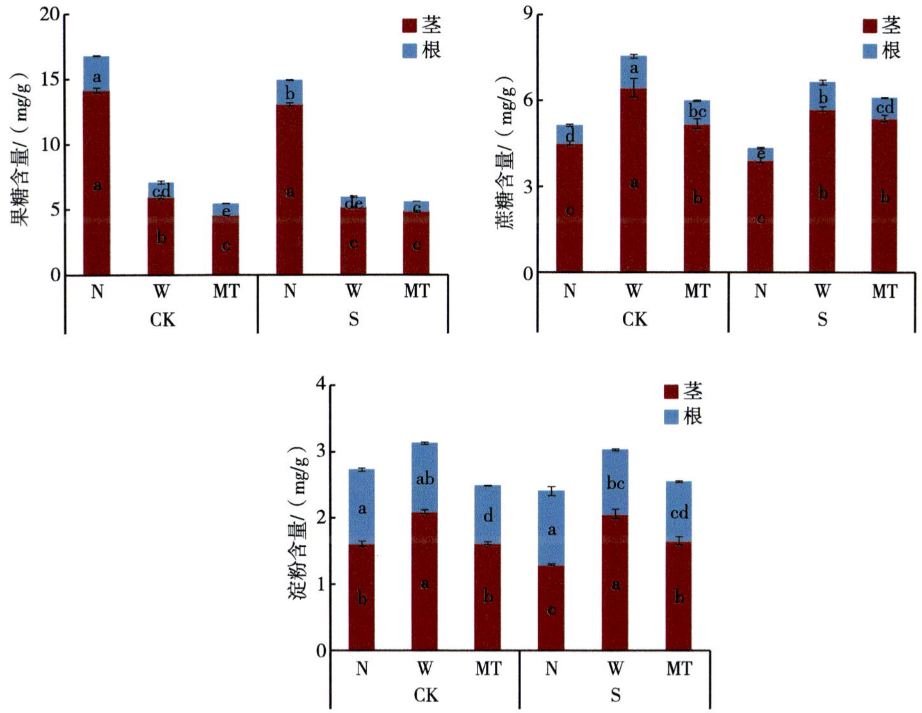

图4-11 盐分胁迫条件下种子引发处理对小麦幼苗非结构碳水化合物含量的影响

4.8 盐分胁迫条件下种子引发处理对小麦幼苗根系导水率的影响

盐分胁迫条件下种子引发处理对小麦幼苗根系导水率的影响如图4-12所示。与对照相比，盐分胁迫使小麦幼苗的单株根系导水率和理论根系导水率分别显著降低了35%和67%。盐分胁迫条件下，水引发使小麦幼苗的单株根系导水率和理论导水率分别降低了3%和2%；褪黑素引发处理使小麦幼苗的单株根系导水率和理论根系导水率分别显著增加了104%和53%。结果表明，褪黑素引发处理对盐分胁迫下的小麦幼苗根系导水率有显著的调节作用。

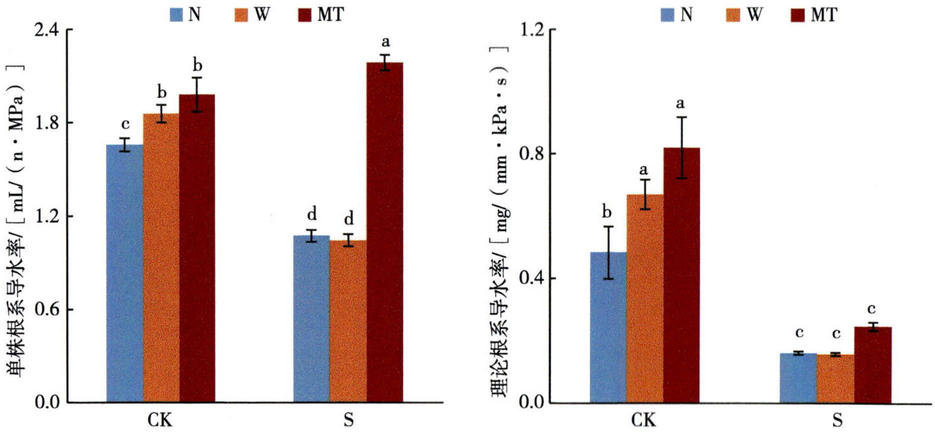

图4-12　盐分胁迫条件下种子引发处理对小麦幼苗根系导水率的影响

对株高、叶面积、根系参数、全氮和离子含量、渗透调节物质、抗氧化酶活性、非结构碳水化合物、根系导水率进行冗余分析。结果表明，株高与叶面积相比，叶面积与根系导水率的相关性最大，且呈正相关，解释总体变异率为30.16%（图4-13a）。表明盐分胁迫条件下种子引发处理通过调节叶面积来改善根系导水率，或通过提高根系导水率增加叶面积。根系参数中与根系导水率相关性最高的指标是导管直径和根皮层厚度占根直径的比例，解释总体变异率达96.78%（图4-13b）。全氮和离子含量与根系相关性最高的是地上部中的全氮含量，且呈正相关（图4-13c），解释总体变异率为84.99%。渗透调节物质与根系导水率相关性最高的指标是根组织中的可溶性糖含量，呈正相关（图4-13d），解释总体变异率为82.64%。抗氧化酶与根系导水率相关性最高的指标是CAT活性，呈正相关（图4-13e），解释总体变异率为74.75%。非结构碳水化合物与根系导水率相关性最高的指标是根组织中的淀粉含量（图4-13f），呈负相关，解释总体变异率为66.05%。以上结果表明，叶面积、根皮层厚度占根直径的比例、CAT活性、根组织中可溶性糖含量和淀粉含量是影响根系导水率的主要因素。地上部的氮含量是根系导水率影响的主要因素。

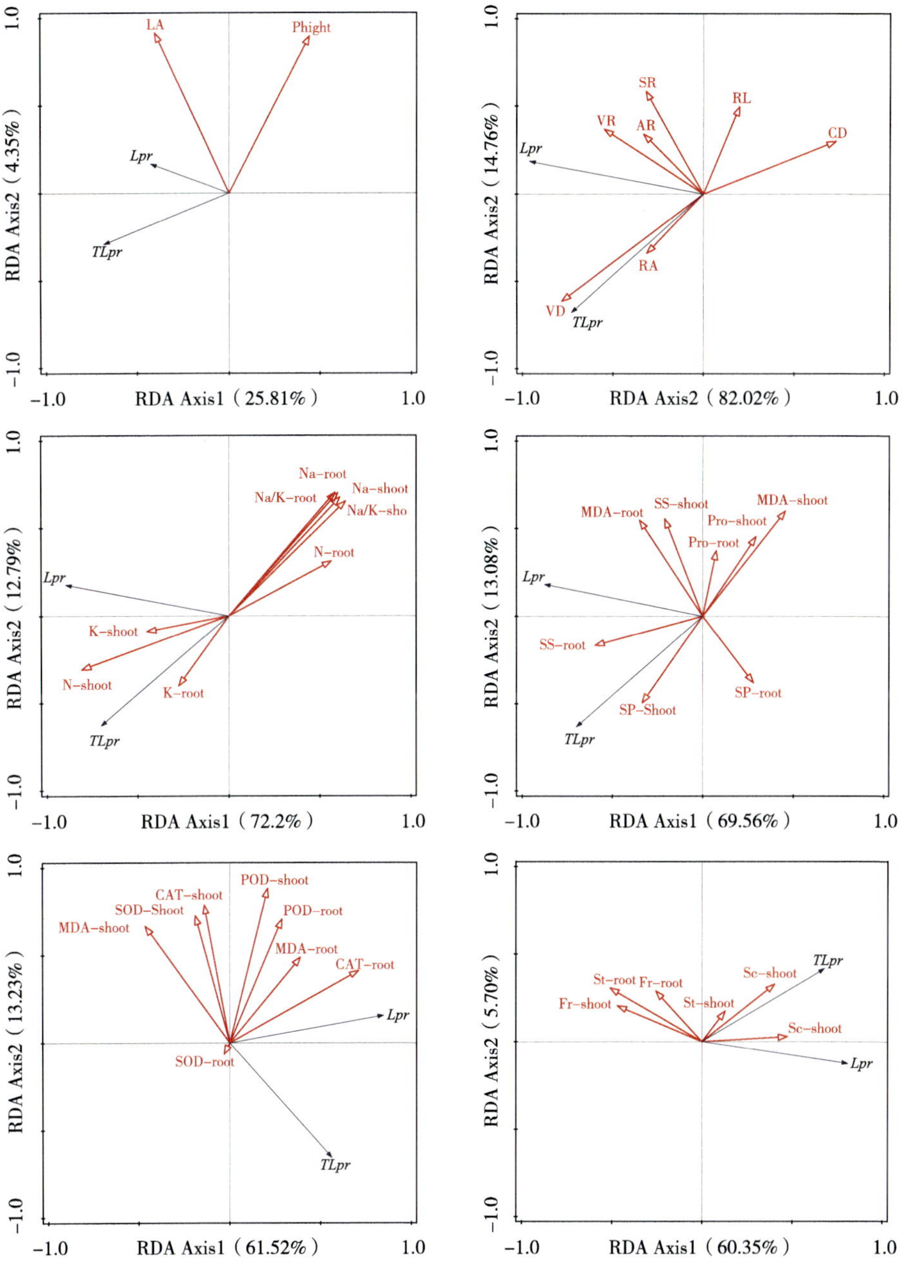

图4-13　盐分胁迫和种子引发条件下小麦幼苗根系导水率与形态和生化参数的关系

注：Phight为株高；Lpr根系导水率；TLpr为理论根系导水率；LA为叶面积；RL为根长；AR为平均根直径；SR为根表面积；RA为根系活力；VR为根体积；VD为导管直径；CD为根皮层厚度占根直径的比例；Pro为脯氨酸；SP为可溶性蛋白；SS为可溶性糖；Fr为果糖；Sc为蔗糖；St为淀粉。

4.9 小结

（1）盐分胁迫显著降低了小麦幼苗的单株根系导水率（35%）和理论根系导水率（67%），同时降低了小麦幼苗的叶面积（$P<0.05$）；根长、平均根直径、根表面积、根体积、导管直径、根系活力也显著降低，增加了根皮层厚度占根直径的比例（20%）；显著增加了小麦幼苗的Na^+含量，降低了K^+含量，Na^+/K^+增加3～4倍，但小麦幼苗的全氮含量未受到显著影响；MDA的含量显著增加（$P<0.05$）；渗透调节物质脯氨酸含量增加，可溶性蛋白含量降低；抗氧化酶SOD活性显著增加，POD活性地上部降低而根组织中显著增加（$P<0.05$），CAT活性地上部增加而根组织中显著降低（$P<0.05$）；显著降低了非结构碳水化合物的含量。

（2）水引发处理未显著改善小麦幼苗的单株根系导水率和理论根系导水率。显著提高了小麦幼苗的株高、叶面积；根系参数也均增加，且降低了导管直径和根皮层厚度占根直径的比例，减少了水分运输的径向阻力；增加了K^+含量，降低了根组织中的Na^+含量，根中的Na^+/K^+降低；渗透调节物质可溶性蛋白、可溶性糖和脯氨酸含量均增加；降低了保护酶SOD和CAT的活性以使活性氧平衡；增加了非结构碳水化合物蔗糖的含量。而褪黑素引发处理显著增加了小麦幼苗的单株根系导水率（104%，$P<0.05$）和理论根系导水率（53%，$P<0.05$）；与水引发处理不一致的方面是增加了导管直径和POD活性。

5　褪黑素引发对干旱—盐复合胁迫下小麦幼苗根系导水率的影响

在干旱地区，干旱和盐渍常常相伴出现，这主要是由于水资源不足和灌溉设施不足。因此，与单一的干旱或盐分胁迫相比，盐旱联合胁迫对作物构成重大威胁。种子萌发和幼苗生长是植物生长的关键阶段，并且种子萌发极易受逆境胁迫的影响，使其正常生长受到限制。在盐渍化土壤耕地上，小麦种子能否成功生长取决于其在盐碱胁迫环境下的发芽能力。目前，对小麦的研究多集中在单盐、单干旱胁迫对种子萌发及幼苗生长的影响，关于干旱—盐复合胁迫对小麦发芽和幼苗生长影响的研究鲜有报道。褪黑素能够调控作物对干旱或盐胁迫的响应，增强作物抗性，但关于褪黑素对干旱—盐复合胁迫条件下小麦幼苗影响的研究也鲜见报道。本章主要研究了干旱—盐复合胁迫下褪黑素引发对小麦幼苗生理指标的影响，尤其根系特征以及根系导水率，探究褪黑素对干旱—盐复合胁迫下小麦幼苗根系导水率的调控机制。

5.1　干旱—盐复合胁迫条件下种子引发处理对小麦幼苗形态指标的影响

5.1.1　株高和叶面积

干旱—盐复合胁迫加重了对小麦幼苗生长发育的影响，最直接的表现为株高和叶面积降低（图5-1）。由于干旱—盐复合胁迫条件下小麦幼苗未形成完全展开叶片，故未测量出小麦幼苗的叶面积。与对照相比，干旱—盐复合胁迫使小麦幼苗株高显著降低48%，经过水引发和褪黑素引发处理之后，株高分别降低34%（$P<0.05$）和4%，显著缓解了株高的降低幅度。干旱—盐

复合胁迫条件下，水引发和褪黑素引发使小麦幼苗的株高分别显著增加26%和83%。与对照相比，干旱—盐复合胁迫条件下水引发和褪黑素引发使小麦幼苗长出1片完全展开的叶片，褪黑素对此条件下小麦幼苗的株高和叶面积的促进作用更显著。

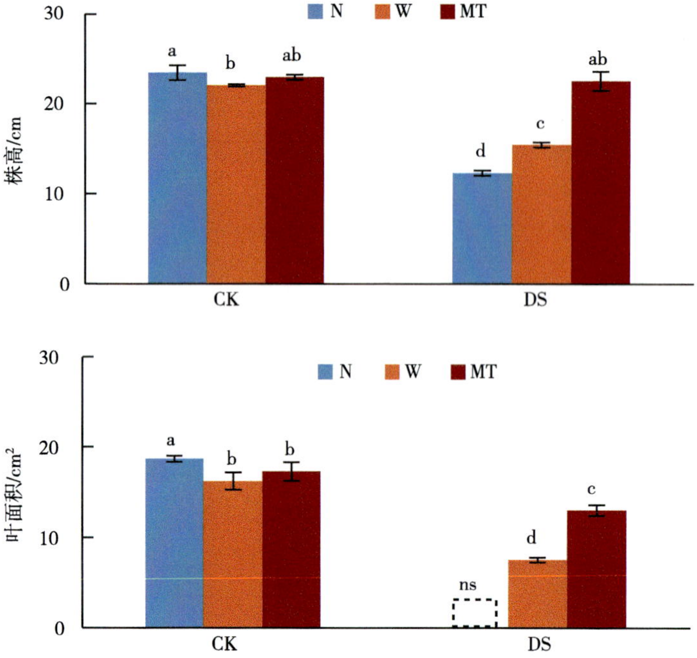

图5-1　干旱—盐复合胁迫条件下种子引发处理对小麦幼苗株高和叶面积的影响

注：图中不同小写字母表示处理间差异达5%显著水平。下同。

5.1.2　根系参数

图5-2给出了干旱—盐复合胁迫条件下种子引发处理对小麦幼苗根系参数的影响。与对照相比，干旱—盐复合胁迫使小麦幼苗的根长、平均根直径、根表面积和根体积分别显著降低了96%、85%、93%和85%。干旱—盐复合胁迫条件下，与无引发相比，水引发使小麦幼苗的根长、平均根直径、根表面积和根体积分别增加了2.9倍、1.3倍、1.6倍和1.3倍；褪黑素引发使小麦幼苗的根长、平均根直径、根表面积和根体积分别显著增加了5倍、2.8倍、4.5倍和2.8倍。结果表明，种子引发处理对干旱—盐复合胁迫条件下小麦幼苗根长和根表面积的改善作用更显著。

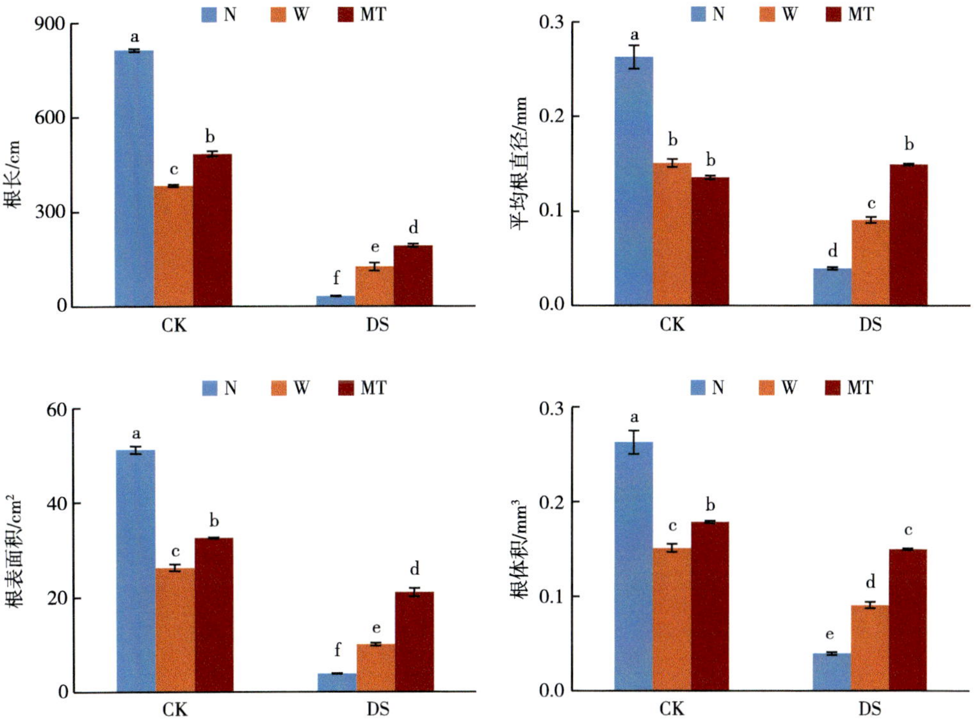

图5-2 干旱—盐复合胁迫条件下种子引发处理对小麦根系参数的影响

5.2 干旱—盐复合胁迫条件下种子引发处理对小麦幼苗根系解剖结构的影响

从表5-1可以看出，与对照相比，干旱—盐复合胁迫使小麦幼苗导管直径显著降低了68%，根皮层厚度占根直径的比例显著增加了12%（$P<0.05$）。干旱—盐复合胁迫条件下，与无引发相比，水引发和褪黑素引发处理使小麦幼苗的导管直径分别显著增加了1倍和2.1倍，使根皮层厚度占根直径的比例分别降低了7%和10%（$P<0.05$）。石蜡切片观察小麦幼苗横切面的导管结构和皮层细胞发现，干旱—盐复合胁迫条件下，与对照相比，小麦幼苗的导管结构和皮层细胞均受到严重损伤（图5-3），褪黑素引发和水引发都改善了导管结构和皮层细胞，尤其是褪黑素引发的。

表5-1　根系解剖结构

处理		导管直径/μm	根皮层厚度占根直径比例
CK	N	64.49 ± 3.04b	43% ± 0.01bc
	W	70.35 ± 1.27a	39% ± 0.02cd
	MT	73.85 ± 2.29a	38% ± 0.01d
DS	N	20.62 ± 0.69d	48% ± 0.02a
	W	41.65 ± 0.67c	45% ± 0.01ab
	MT	63.19 ± 2.19b	43% ± 0.01bc

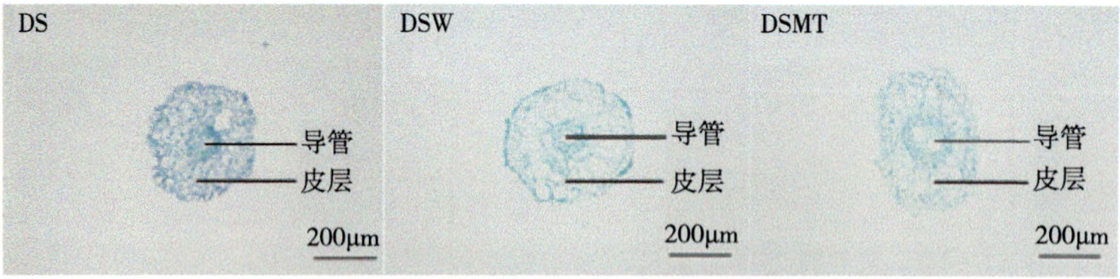

图5-3　干旱—盐复合胁迫条件下小麦幼苗根系解剖结构

5.3　干旱—盐复合胁迫条件下种子引发处理对小麦幼苗根系活力的影响

干旱—盐复合胁迫条件下种子引发处理对小麦幼苗根系活力的影响如图5-4所示。与对照相比，干旱—盐复合胁迫使小麦幼苗的根系活力显著降低了59%。干旱—盐复合胁迫条件下，小麦种子经过水引发和褪黑素引发处理之后，小麦幼苗的根系活力分别显著增加了73%和77%。

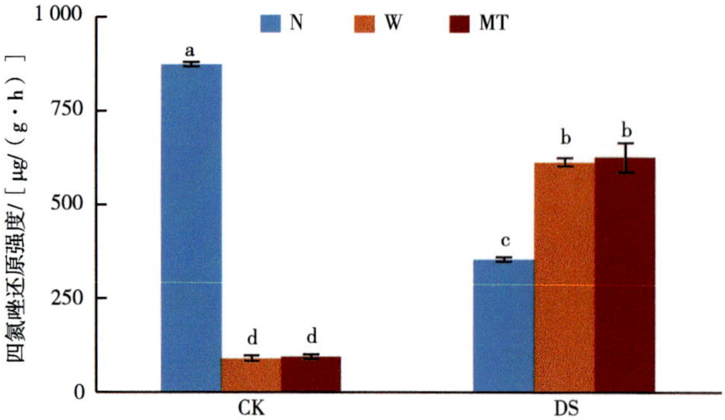

图5-4　干旱—盐复合胁迫条件下种子引发处理对小麦幼苗根系活力的影响

5.4 干旱—盐复合胁迫条件下种子引发处理对小麦幼苗全氮和钾、钠含量的影响

干旱—盐复合胁迫对小麦幼苗全氮和离子含量产生了显著影响。如图5-5所示，与对照相比，干旱—盐复合胁迫使小麦幼苗地上部和根组织中的全氮含量分别显著降低了40%和33%。水引发和褪黑素引发处理使小麦幼苗地上部的全氮含量分别显著降低了9%和13%，根组织中的全氮含量分别显著增加了3%和7%。结果表明，虽然种子引发增加了干旱—盐复合胁迫条件下小麦幼苗根组织中的全氮含量，但并未显著改善小麦幼苗地上部全氮含量。

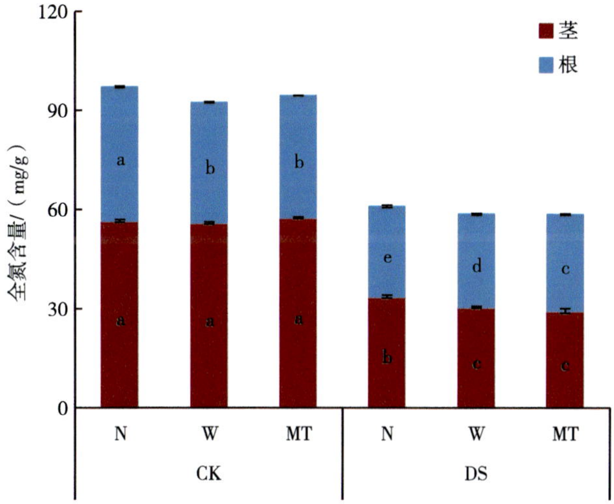

图5-5 干旱—盐复合胁迫条件下种子引发处理对小麦幼苗全氮含量的影响

图5-6给出了干旱—盐复合胁迫条件下种子引发处理对小麦幼苗K^+含量的影响。与对照相比，干旱—盐复合胁迫使小麦幼苗地上部的K^+含量显著降低了62%（$P<0.05$），根组织中的K^+含量显著降低了70%（$P<0.05$）。水引发和褪黑素引发处理使干旱—盐复合胁迫条件下小麦幼苗地上部K^+含量分别显著增加了35%（$P<0.05$）和33%（$P<0.05$），根组织中的K^+含量分别增加了17%（$P<0.05$）和7%。结果表明，水引发和褪黑素引发显著改善了干旱—盐复合胁迫条件下小麦幼苗的K^+含量。

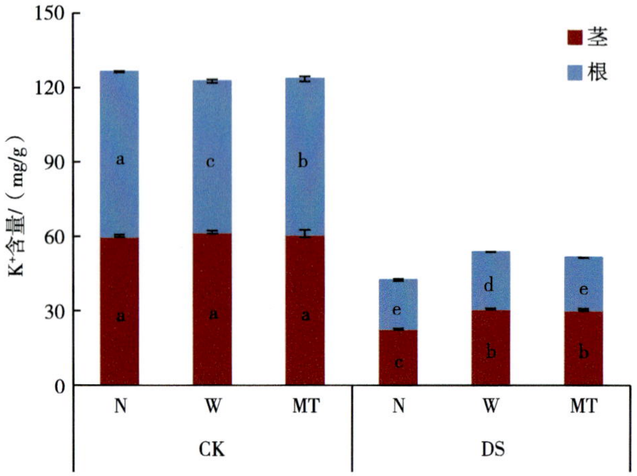

图5-6　干旱—盐复合胁迫条件下种子引发处理对小麦幼苗K^+含量的影响

干旱—盐复合胁迫显著增加了小麦幼苗的Na^+含量，使小麦幼苗地上部和根组织中的Na^+含量分别增加了7.6倍和3.6倍。干旱—盐复合胁迫条件下，水引发和褪黑素引发处理使小麦幼苗地上部Na^+含量分别显著降低了27%（$P<0.05$）和25%（$P<0.05$），根组织中的Na^+含量分别显著增加了30%（$P<0.05$）和26%（$P<0.05$）。结果表明，水引发和褪黑素引发处理使Na^+更多储存在根组织中，减少向地上部的运输，从而降低小麦幼苗地上部Na^+含量。

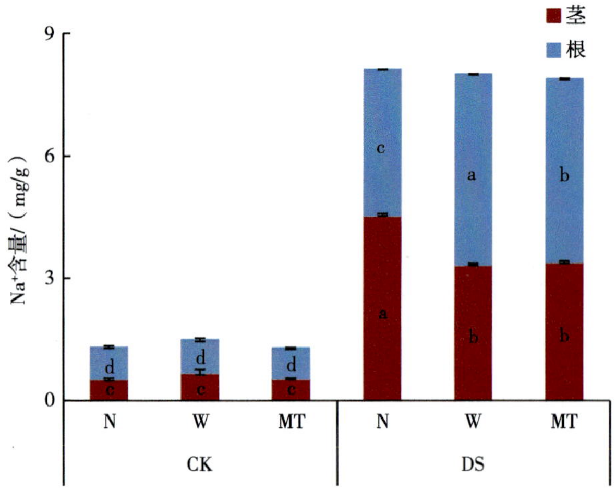

图5-7　干旱—盐复合胁迫条件下种子引发处理对小麦幼苗Na^+含量的影响

干旱—盐复合胁迫增加了小麦幼苗的Na^+含量，降低了K^+含量，致使小麦幼苗的Na^+/K^+显著升高（图5-8）。与对照相比，干旱—盐复合胁迫使小麦幼苗地上部和根组织中的Na^+/K^+分别显著增加了21.3倍和14.2倍。干旱—盐复合胁迫下，水引发和褪黑素引发处理使小麦幼苗地上部的Na^+/K^+分别显著降低了46%（$P<0.05$）和44%（$P<0.05$），使根组织中的Na^+/K^+分别显著增加了12%（$P<0.05$）和17%（$P<0.05$）。结果表明，种子引发缓解小麦幼苗地上部的Na^+/K^+效果最显著。

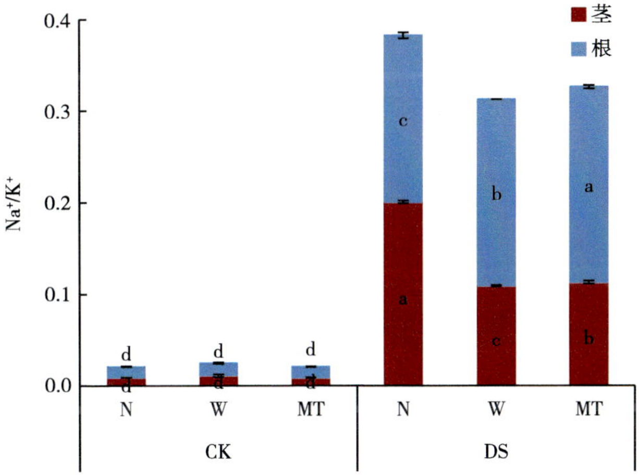

图5-8　干旱—盐复合胁迫条件下种子引发处理对小麦幼苗Na^+/K^+的影响

5.5　干旱—盐复合胁迫条件下种子引发处理对小麦幼苗丙二醛（MDA）含量的影响

MDA含量高低可以代表细胞膜受损伤的程度，而SOD、POD和CAT的活性代表了植物的抗逆能力，且MDA和SOD的活性成反比。图5-9给出了干旱—盐复合胁迫条件下小麦种子经过水引发和褪黑素引发处理后MDA的变化。结果表明，与对照相比，干旱—盐复合胁迫使小麦幼苗地上部和根组织中的MDA含量分别增加了1%和11%。水引发处理使小麦幼苗的地上部和根组织中的MDA含量分别显著增加了40%（$P<0.05$）和35%（$P<0.05$），褪黑素引发使小麦幼苗地上部的MDA含量显著增加了30%（$P<0.05$），使根组织中的MDA含量显著降低了24%（$P<0.05$）。从以上结果可以得出，干旱—盐复合胁迫条件下种子引发未显著缓解小麦幼苗的膜损伤程度。

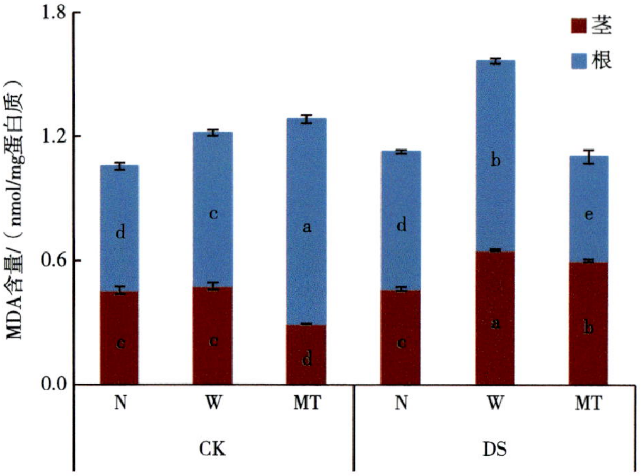

图5-9　干旱—盐复合胁迫条件下种子引发处理对小麦幼苗MDA含量的影响

5.6　干旱—盐复合胁迫条件下种子引发处理对小麦幼苗渗透调节物质和保护酶活性的影响

干旱—盐复合胁迫条件下种子引发处理对小麦幼苗渗透调节物质的影响如表5-2所示。与对照相比，干旱—盐复合胁迫使小麦幼苗地上部的可溶性蛋白、可溶性糖和脯氨酸含量分别增加了0.2倍、3.6倍和216.3倍，根组织中的可溶性蛋白、可溶性糖和脯氨酸含量分别增加了0.4倍、0.7倍和8.4倍。干旱—盐复合胁迫条件下，水引发使小麦幼苗地上部的可溶性蛋白、可溶性糖和脯氨酸含量分别显著降低了24%（$P<0.05$），58%（$P<0.05$）和91%（$P<0.05$），根组织中的可溶性糖含量增加了26%（$P<0.05$），可溶性蛋白和脯氨酸含量分别显著降低了34%（$P<0.05$）和38%（$P<0.05$）。褪黑素引发使小麦幼苗地上部的可溶性蛋白、可溶性糖和脯氨酸含量分别显著降低了19%（$P<0.05$）、61%（$P<0.05$）和64%（$P<0.05$），根组织中的可溶性蛋白、可溶性糖和脯氨酸含量分别增加了1%、30%（$P<0.05$）和90%（$P<0.05$）。结果表明，褪黑素引发主要通过增加根组织中的可溶性蛋白、可溶性糖和脯氨酸等渗透调节物质的含量来提高小麦幼苗在干旱—盐复合胁迫条件下的抗逆能力。

表5-2 干旱—盐复合胁迫条件下种子引发处理对小麦幼苗渗透调节物质的影响

处理		可溶性蛋白/（mg/g）		可溶性糖/（mg/g）		脯氨酸/（μg/g）	
		茎	根	茎	根	茎	根
CK	N	8.38 ± 0.6bc	2.73 ± 0.1b	2.12 ± 0.1e	0.66 ± 0.0d	2.22 ± 0.1d	2.74 ± 0.2d
	W	11.67 ± 0.1a	2.00 ± 0.3bc	2.67 ± 0.0d	1.16 ± 0.1b	2.52 ± 0.0d	2.67 ± 0.2d
	MT	11.49 ± 0.1a	1.82 ± 0.1c	2.14 ± 0.0e	1.04 ± 0.0c	2.74 ± 0.2d	3.61 ± 0.3d
S	N	10.04 ± 1.0ab	3.68 ± 0.3a	9.82 ± 0.1a	1.15 ± 0.0b	483.52 ± 13.9a	25.69 ± 0.2b
	W	7.67 ± 0.5c	2.45 ± 0.0bc	4.15 ± 0.1b	1.45 ± 0.0a	41.50 ± 0.7c	15.84 ± 0.7c
	MT	8.18 ± 0.7bc	3.71 ± 0.3a	3.80 ± 0.0c	1.49 ± 0.0a	174.96 ± 3.9b	48.92 ± 1.2a

注：表中不同小写字母表示处理间差异达5%显著水平。

干旱—盐复合胁迫对小麦幼苗造成了极大的损伤。干旱—盐复合胁迫条件下种子引发处理对小麦幼苗保护酶活性的影响见图5-10。与对照相比，干旱—盐复合胁迫使小麦幼苗地上部的SOD、POD活性分别增加了1.2倍和4.5倍，CAT活性降低了27%（$P<0.05$）；使根组织中的SOD、POD和CAT含量分别增加了4%、37%（$P<0.05$）和140%（$P<0.05$）。干旱—盐复合胁迫条件下，水引发处理使小麦幼苗地上部的SOD、POD活性分别降低了33%（$P<0.05$）和51%（$P<0.05$），CAT活性显著增加了58%；根组织中的SOD和CAT活性分别增加了3.88倍和1.03倍，POD活性降低了4%。褪黑素引发处理使干旱—盐复合胁迫条件下小麦幼苗地上部的SOD和POD活性分别显著降低了51%和67%，CAT活性显著增加了47%；根组织中的SOD和CAT活性分别增加了5.8倍和0.3倍，POD活性降低了22%。SOD将超氧阴离子歧化分解成H_2O_2和O_2，POD和CAT将H_2O_2分解成H_2O和O_2。POD也是一种适应酶，代表植物的代谢情况。干旱—盐复合胁迫条件下对小麦种子进行引发处理之后，植物的代谢减慢，同时分解H_2O_2消耗的CAT也增多。因此，在干旱—盐复合胁迫条件下种子引发并未对小麦幼苗的抗氧化酶系统产生积极的作用。

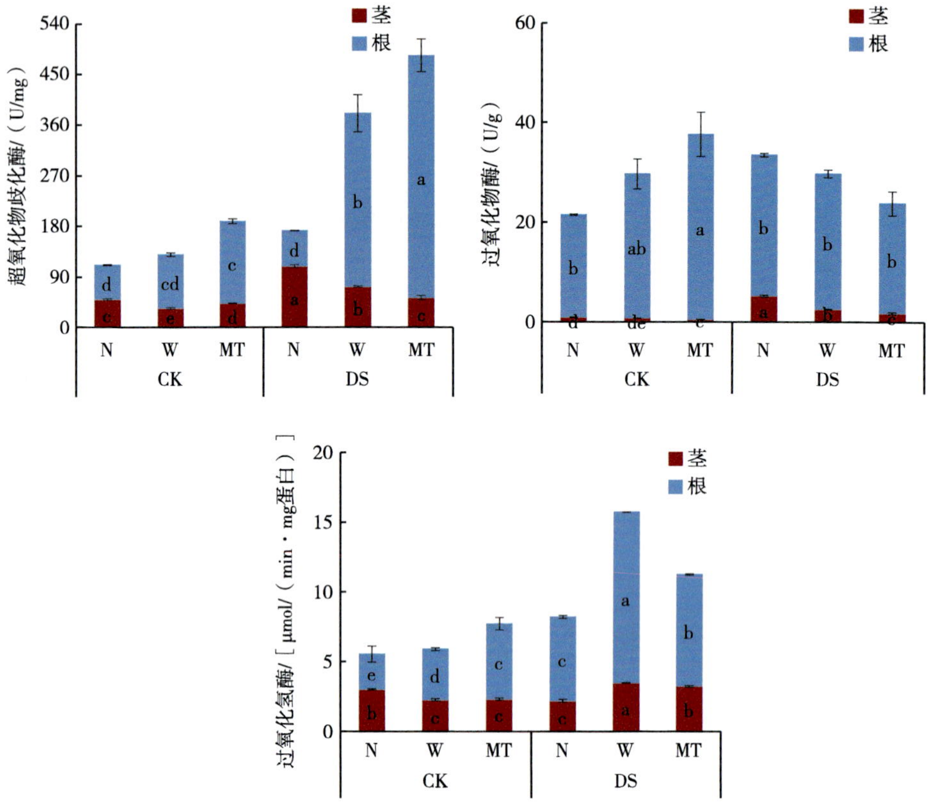

图5-10　干旱—盐复合胁迫条件下种子引发处理对小麦幼苗保护酶活性的影响

5.7　干旱—盐复合胁迫条件下种子引发处理对小麦幼苗非结构碳水化合物含量的影响

干旱—盐复合胁迫条件下种子引发处理对小麦幼苗非结构碳水化合物含量的影响如图5-11所示。与对照相比，干旱—盐复合胁迫使小麦幼苗地上部的果糖、蔗糖和淀粉等非结构碳水化合物含量分别增加了0.9倍、1.5倍和1.8倍，使根组织中的果糖、蔗糖和淀粉含量分别显著增加了61%（P<0.05）、135%（P<0.05）和58%（P<0.05）。干旱—盐复合胁迫条件下，水引发使小麦幼苗地上部的非结构碳水化合物果糖、蔗糖和淀粉含量分别显著降低了79%（P<0.05）、49%（P<0.05）和28%（P<0.05），使根组织中的果糖、蔗糖和淀粉含量分别降低了68%（P<0.05）、5%和27%（P<0.05）。褪黑素引发

处理使干旱—盐复合胁迫条件下小麦幼苗地上部的果糖、蔗糖和淀粉含量分别显著降低了75%（$P<0.05$）、13%（$P<0.05$）和38%（$P<0.05$），根组织中的果糖和淀粉含量分别显著降低了64%（$P<0.05$）和33%（$P<0.05$），但蔗糖含量显著增加了65%（$P<0.05$）。干旱—盐复合胁迫条件下，经过水引发和褪黑素引发处理，更多的非结构碳水化合物被消耗，以维持小麦幼苗正常生长发育所需要的能量代谢物质。与无引发处理的小麦幼苗相比，种子引发处理后小麦幼苗长出1片完全展开的叶片。

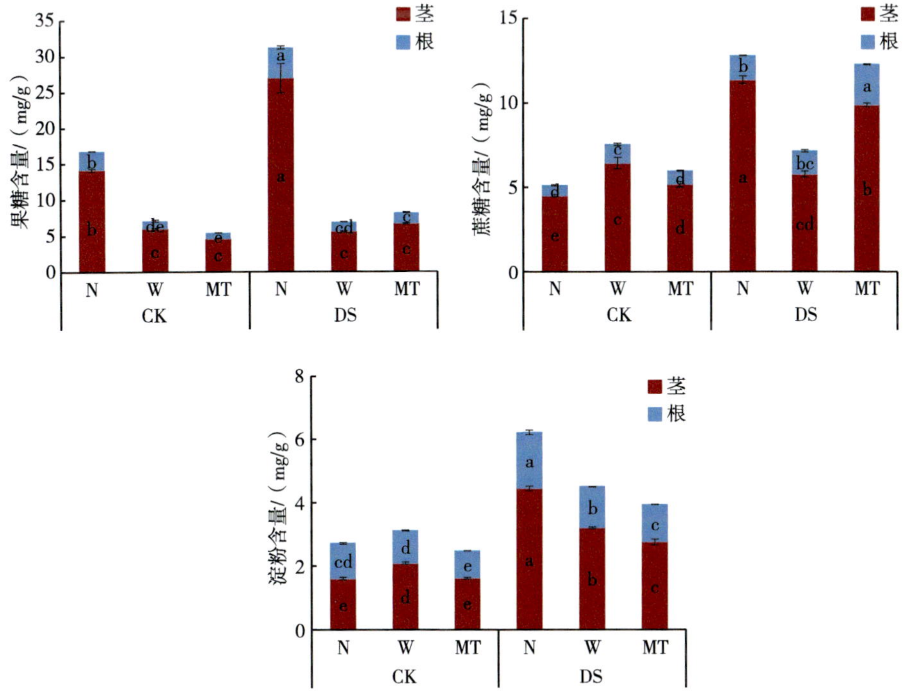

图5-11 干旱—盐复合胁迫条件下种子引发处理对小麦幼苗的非结构碳水化合物含量的影响

5.8 干旱—盐复合胁迫条件下种子引发处理对小麦幼苗根系导水率的影响

干旱—盐复合胁迫条件下，单株根系导水率未被测出，未长出完全展开的叶片且小麦已接近萎蔫状态。如图5-12所示，干旱—盐复合胁迫条件下小麦幼苗的单株根系导水率未被测出，但水引发和褪黑素引发的小麦幼苗单株根系导水率分别为0.140mL/（h·MPa）和0.444mL/（h·MPa）。褪黑素引发对提高干旱—盐复合胁迫条件下的小麦幼苗单株根系导水率效果更显著。与对照相比，干旱—盐复合胁迫使小麦幼苗的理论根系导水率显著降低了99%（$P<0.05$）。干旱—盐胁迫下与对照相比，水引发和褪黑素引发处理使小麦幼苗理论根系导水率分别增加了15.4倍和87.1倍。结果表明，水引发和褪黑素引发处理显著改善了小麦幼苗的单株根系导水率和理论根系导水率，增加了小麦幼苗对水分和养分的吸收能力，使小麦幼苗缓慢生长。

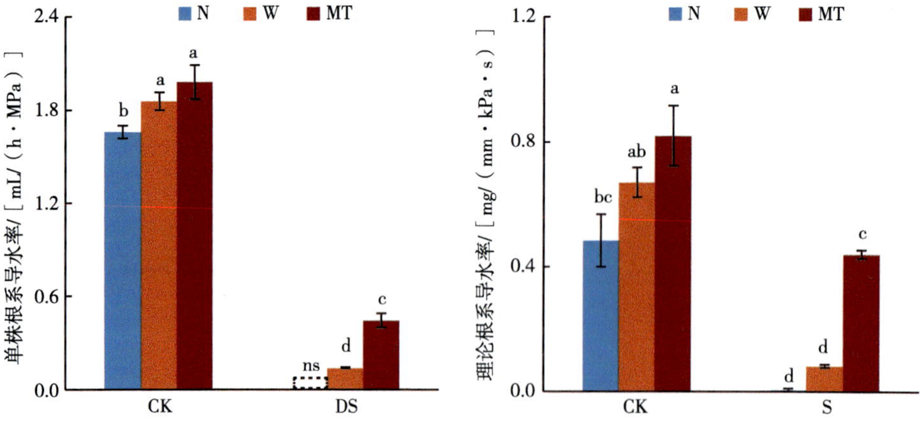

图5-12　干旱—盐复合胁迫条件下种子引发处理对小麦幼苗根系导水率的影响

注：图中ns代表数值未被测出。

对干旱—盐复合胁迫条件下种子引发处理的小麦幼苗根系导水率与株高、叶面积、根系参数、全氮和离子指标、渗透调剂物质、抗氧化酶和非结构碳水化合物进行冗余分析（图5-13）。结果表明，叶面积与株高相比，叶面积与小麦幼苗根系导水率相关性最高且呈正相关，解释总体变异率为75.01%；导管直径是根系参数中与根系导水率相关性最高的指标，解释总体变异率为98.68%；小麦幼苗的Na^+含量与根系导水率成反比且是全氮和离子参数中与根系导水率相关性最高的指标；小麦幼苗地上部的可溶性糖含量是渗透调节物质中与根系导水率相关性最高的指标，呈负相关，解释总体变异率为97.39%；抗氧化酶中小麦幼苗地上部的SOD活性与根系导水率成反比，同时也是与根系导水率相关性最高的指标，解释总体变异率为98.79%；淀粉与根系导水率成反比，是非结构碳水化合物中与根系导水率相关性最高的指标，解释总体变异率为94.09%。以上结果表明，干旱—盐复合胁迫条件下，导管直径、地上部可溶性糖含量、SOD活性和淀粉含量是影响根系导水率的主要因素，而小麦幼苗的Na^+含量是根系导水率影响的主要因素。

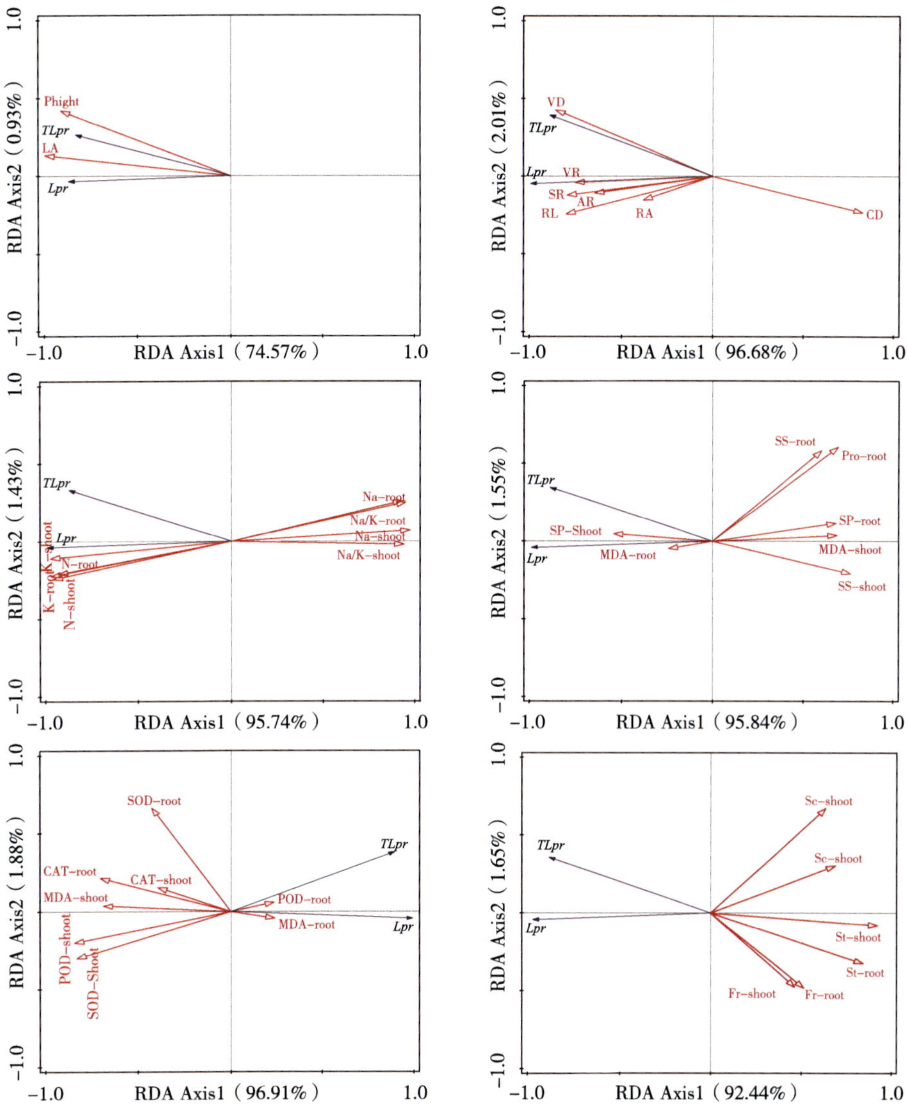

图5-13 干旱—盐复合胁迫和种子引发条件下小麦幼苗根系导水率与形态和生化参数的关系

注：Phight为株高；Lpr根系导水率；TLpr为理论根系导水率；LA为叶面积；RL为根长；AR为平均根直径；SR为根表面积；RA为根系活力；VR为根体积；VD为导管直径；CD为根皮层厚度占根直径的比例；Pro为脯氨酸；SP为可溶性蛋白；SS为可溶性糖；Fr为果糖；Sc为蔗糖；St为淀粉。

5.9 路径分析

对与根系导水率相关性最高的形态指标，即离子指标、碳氮代谢、抗氧化酶活性进行路径分析，揭示干旱—盐胁迫影响根系导水率的生理机制以及水引发和褪黑素引发缓解根系导水率的生理机制如图5-14所示。

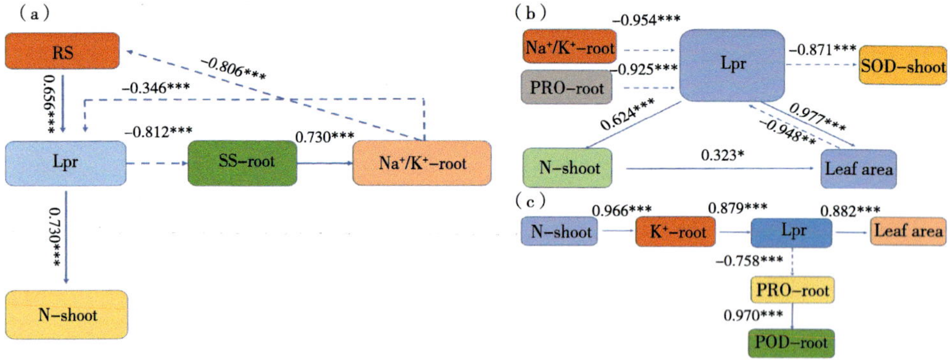

图5-14 单株根系导水率与小麦幼苗各参数的路径分析

注：实线箭头表示正相关；虚线箭头表示负相关。RS为根系表面积；Lpr为单株根系导水率；N-shoot为地上部氮含量；SS-root为根组织中可溶性糖含量；Na^+/K^+-root为根组织中的Na^+/K^+；PRO-root为根组织中的脯氨酸含量；Leaf area为叶面积；SOD-shoot为地上部SOD活性；K^+-root为根组织中K^+含量；POD-shoot为地上部POD活性。

由图5-14可知，逆境胁迫下，根系导水率由根系表面积决定，系数为0.656，极显著相关；而根系导水率又极显著地影响了地上部的氮含量，影响系数达到0.730；根系导水率与根组织中可溶性糖含量呈现极显著负相关性，相关系数为-0.812；根组织中的Na^+/K^+极显著负相关的决定根系导水率，相关系数为-0.346。褪黑素引发后，根组织中的Na^+/K^+和根组织中的脯氨酸含量极显著负相关影响着根系导水率，影响系数分别为-0.974和-0.925。根系导水率极显著正向决定了叶面积，决定系数为0.882。

5.10 干旱—盐复合胁迫条件下种子引发处理对小麦幼苗根系水通道蛋白基因表达的影响

如图5-15所示，PCR结果发现，与水引发处理相比，褪黑素引发处理使干旱和干旱—盐复合胁迫条件下小麦根系中的*TaNIP3*；*03_6D*和*TaSIP2*；*02_4A*水通道蛋白基因下调表达，而*TaNIP2*；*04a_7D*基因在盐胁迫下下调表达。

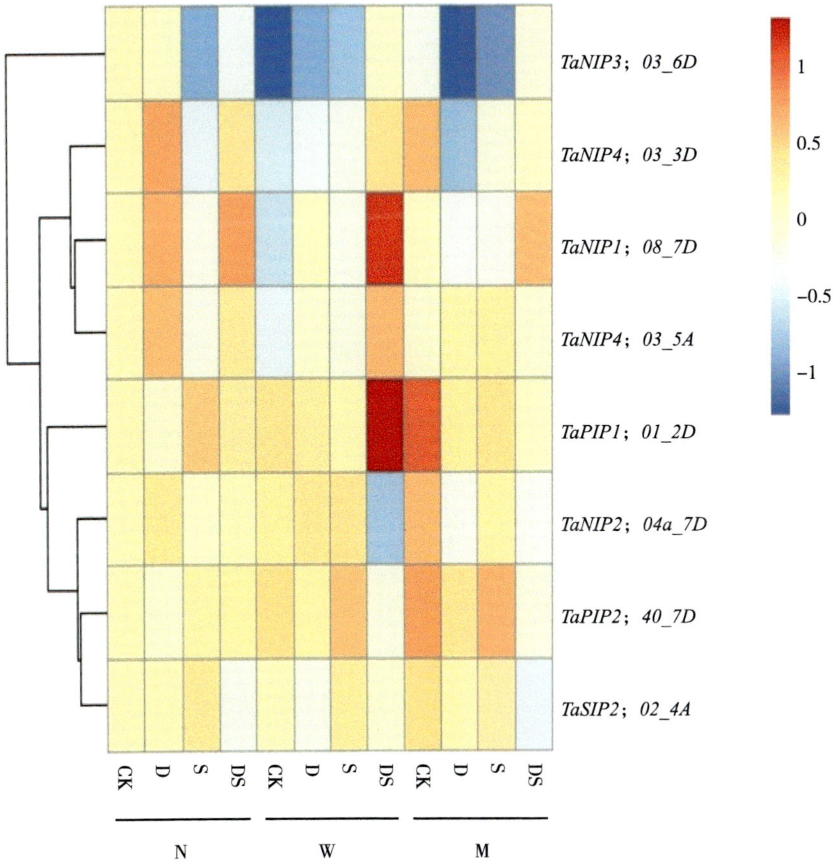

图5-15 干旱—盐复合胁迫下种子引发条件下小麦幼苗根系水通道蛋白部分基因表达情况

5.11 褪黑素引发调控机制分析

根据干旱—盐复合胁迫下褪黑素引发对根系和地上部组织的生理生化表型的影响，综合分析生理生化指标变化，揭示褪黑素引发对根系导水率的调控，进而调控小麦幼苗抗氧化能力、渗透调节物质以及离子平衡等，最终促进叶面积增加，促进小麦幼苗生长（图5-16）。

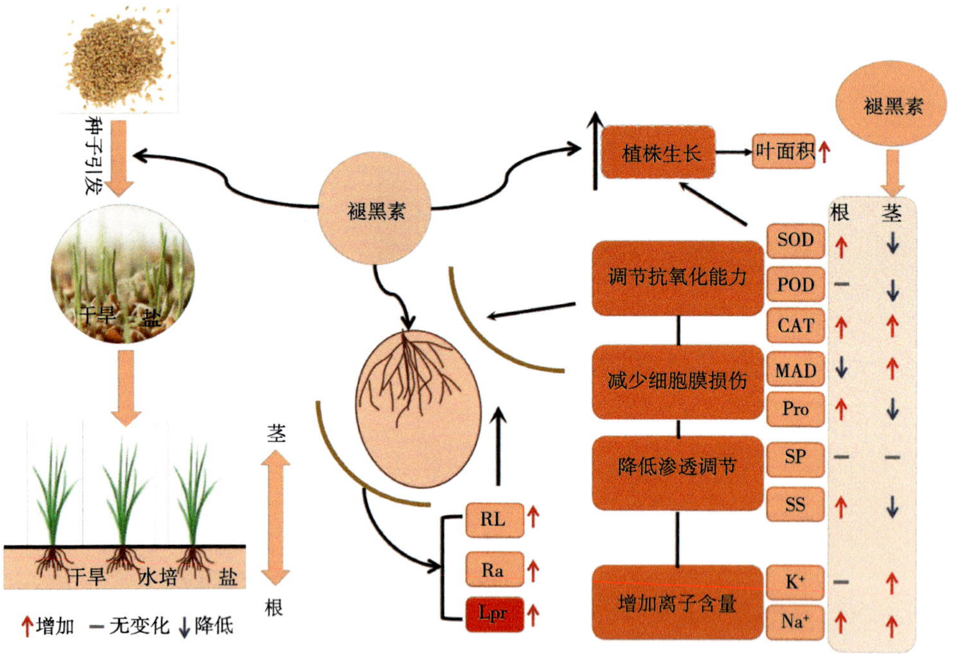

图5-16　干旱—盐复合胁迫下褪黑素引发调控小麦根系导水率的机制

注：RL为根系长度；Ra为根系平均直径；Lpr为单株根系导水率；MDA为组织中的丙二醛含量；Pro为组织中的脯氨酸含量；SP为可溶性蛋白含量；SS为可溶性糖含量；K^+为组织中K^+含量；Na^+为组织中Na^+含量。

5.12　小结

（1）干旱—盐复合胁迫条件对小麦幼苗产生了巨大的危害。最直观地表现为小麦幼苗未长出完全展开的叶片，且已接近萎蔫状态。因此，未测出单株根系导水率。显著降低了小麦幼苗的根长、根直径、根表面积、根体积、根系活力和导管直径等根系参数，使根皮层厚度占根直径的比例增加了12%；小麦幼苗中的全氮和K^+含量显著降低，Na^+含量显著增加；增加了小麦幼苗的膜受损伤程度；可溶性蛋白、可溶性糖和脯氨酸等渗透调节物质显著增加来调节小麦幼苗的渗透势，以维持小麦幼苗的膨压；仅抗氧化酶系统中小麦幼苗地上部的CAT含量被降低；显著增加了小麦幼苗的果糖、蔗糖和淀粉等非结构碳水化合物含量，增加能量储存。

（2）干旱—盐复合胁迫条件下水引发和褪黑素引发处理对形态指标影响最直观的结果为小麦幼苗长出1片完全展开的叶片，单株根系导水率也测出。虽然显著增加了小麦幼苗根长、根直径、根表面积、根体积、根系活力、导管直径等根系参数，也降低了根皮层厚度占根直径的比例；增加了小麦幼苗的K^+含量；但未降低小麦幼苗根系中的Na^+含量，还增加了小麦幼苗的膜损伤程度。水引发和褪黑素引发处理，通过降低小麦幼苗的渗透调节物质、POD活性、非结构碳水化合物，以提高小麦在干旱—盐复合胁迫条件下的抗逆能力，但效果不显著。

6 讨论与结论

6.1 讨论

不同类型的生物和非生物胁迫影响植物生长。在非生物胁迫中，干旱、盐碱、热胁迫等对植物的影响更大。干旱和盐分胁迫均会造成生理性缺水。而根系导水率是表征植物根系吸水能力的一个重要指标，表示单位时间单位压力梯度下流经单位根表面积（或长度）的水流通量（Carvajal et al., 2000）。提高根系导水率是改善水分利用效率的方式之一。本研究结果表明，与对照相比，干旱胁迫、盐分胁迫使小麦幼苗的单株根系导水率分别降低27%和35%（干旱—盐复合胁迫条件下未测出小麦幼苗的单株根系导水率）；单一的干旱、盐分及干旱—盐复合胁迫使小麦幼苗的理论根系导水率分别降低了77%、67%和99%。水引发和褪黑素引发处理均显著提高了干旱、盐分及干旱—盐复合胁迫条件下小麦幼苗的单株根系导水率和理论根系导水率。为了解干旱—盐胁迫影响根系导水率的生理机制、水引发和褪黑素引发对根系导水率的生理机制，对于根系导水率相关性较高的参数进行路径分析。

6.1.1 干旱—盐胁迫条件下种子引发小麦幼苗株高和叶面积对根系导水率的响应

干旱、盐分及干旱—盐复合胁迫降低了小麦幼苗的株高和叶面积，复合胁迫对株高和叶面积的影响大于单一胁迫的影响。翁亚伟等（2017）的结果表明，复合胁迫对叶面积的降低幅度低于单一胁迫，主要因为处理开始时间不同，胁迫设置的浓度不同。前人研究结果表明，种子引发可以促进胁迫条件下植物的生长发育，增加叶面积（苗含笑 等，2020；谢娟娜 等，2016），本试验得到相似结论，引发处理增加了小麦幼苗的叶面积。由图3-13a、图4-13a和图5-13a可以看出，叶面积和株高与小麦幼苗的单株根系导水率和理论根系导水率成正比，且叶面积与小麦幼苗的根系导水率相关性最高。单株根系导水率与叶面积的关系为两者相互影响。当根系导水率降低时，向地上部运输的水分和养分减少，小麦幼苗的生长发育减缓。王冰和程国宪（2017）、刘映雪等（2021）和曹荷莉等（2019）的研究表明，植物遭受干旱、盐分及水盐复合等非生物胁迫之后，细胞分裂减少，伸长减慢，叶片及茎秆扩张受阻，最直观地表现为植株株高和叶面积降低。叶面积减少，蒸腾作用的强度降低，蒸腾拉力减弱，根系导水率也降低（Zhang et al., 2021）。王周峰等（2005）、王淑庆（2013）研究表明，叶面积指数与茎流量呈正相关，随叶面积指数的增加，茎流速率增加，叶面积是表征作物冠层的一个指标，植物通过叶片进行蒸腾和光合作用。而植物茎流量反映了整个植株从根系吸收的水分向上传输的量，从整体上表征作物生长状况。因此，叶面积增加，蒸腾拉力上升，根系吸水能力增强。

6.1.2 干旱—盐胁迫条件下种子引发小麦幼苗根系参数对根系导水率的响应

根系是植物吸收水分和养分的主要器官，其根长、根表面积、根体积和平均根直径是植物衡量其抗旱耐盐的重要指标（葛建坤 等，2022）。更大的表面积是由于更长的根使植物能够吸收更多的养分和水分，这使得植物能够在缺水的条件下存活（Bengough et al., 2011；Lou et al., 2017）。从图3-13b、图4-13b和图5-13b可以看出，导管直径和根系活力与根系导水率成正比，根皮层厚度占根直径的比例与根系导水率成反比。导管直径是干旱、盐分及干旱—盐复合胁迫条件下影响单株根系导水率和理论根系导水率的主要因素。干旱、盐分及干旱—盐复合胁迫条件下的根系参数分别解释了总体变异的91.02%、98.69%和91.02%。有研究表明，根系导管直径越大，根系的抗性越强（田彩萍和姚延梼，2011）。然而，也有研究认为，较小的导管直径有利于根系在水分胁迫条件下延缓土壤水分消耗，以供需水关键期和敏感期使用，从而提高作物产量和水分利用效率（李鲁华 等，2001）。干旱、盐分及干旱—盐复合胁迫增加了根皮层厚度占根直径的比例。因此，增加了水分运输的径向阻力，降低根系导水率（Wang et al.，2013）。本试验结果表明，干旱、盐分及干旱—盐复合胁迫显著降低了小麦幼苗的根长、根表面积和根体积，与前人研究结果一致（Wang et al.，2022）。主要是由于根的生长速度部分是由各向异性的细胞扩张决定的，细胞扩张使根伸长，此时根系向异性细胞的分裂和扩张受阻（Bengough et al.，2011；Sharp et al.，1988）。水引发和褪黑素引发均增加了干旱、盐分及干旱—盐复合胁迫条件下小麦幼苗的根长，与Khan等（2019）的研究结果相似。前人的研究表明，外源褪黑素可以促进植物的根系伸长生长（臧祎娜 等，2019；Zhang et al.，2013；Dai et al.，2020）。孙文泰等（2021）研究表明，细根更有利于作物的导水效率。干旱胁迫条件下，褪黑素引发处理降低了小麦幼苗的平均根直径，但盐分及干旱—盐胁迫条件下增加了小麦幼苗的平均根直径。主要是由于在盐分条件下，植物通过增加根直径，发展通气组织等来减少植物对盐离子的吸收以及减缓盐分对植物造成的伤害（尹启琳 等，2020）。

6.1.3 干旱—盐胁迫下种子引发小麦幼苗全氮和离子含量对根系导水率的响应

氮和钾是作物生长必需的大量元素，但由于土壤水分缺乏时，其在土壤中的有效性较低。氮作为植物的营养元素以供植物生长，钾作为渗透调节物质以离子态的形式存在于细胞液中，由于钾的离子半径小，水合作用大，可以调节细胞的渗透势，增加细胞膨压（张立新和李生秀，2009；黄莹 等，2016）。本研究结果表明，干旱胁迫降低了小麦幼苗全氮和K^+的含量，对小麦幼苗Na^+无显著影响，与前人的研究结果相似（张立新和李生秀，2007）。盐分胁迫增加了小麦幼苗根组织中的全氮含量，主要是高盐抑制蛋白质的合成，促进蛋白质水解，导致植物组织中氨基酸含量增多（王庭权 等，2015）。因此，提高了小麦根组织中的全氮含量。盐分及干旱—盐复合胁迫显著增加了小麦幼苗的Na^+含量。与萨如拉等（2014）、董宏图等（2021）、吴晓菲（2013）的研究结果相似。水引发和褪黑素引发处理均不同程度地增加了干旱、盐分及干旱—盐胁迫条件下小麦幼苗全氮和K^+的含量，降低了Na^+含量。盐分胁迫条件下，水引发和褪黑素引发处理主要是通过降低根组织中的Na^+含量，干旱—盐复合胁迫条件下主要降低地上部的Na^+含量，将更多的Na^+截留在根组织中。王慧等（2022）的研究结果表明，外源褪黑素可以通过增加黑麦草和苜蓿中全氮和K^+的含量来抵抗干旱胁迫带来的危害。图3-13c、图4-13c和图5-13c看出，干旱和盐分胁迫条件下地上部氮含量与单株根系导水率和理论根系导水率呈正相关，且是根系导水率影响全氮和离子含量的关键因素；干旱—盐复合胁迫条件下，小麦幼苗地上部Na^+含量与根系导水率呈负相关，也是与根系导水率相关性最高的氮和离子含量指标。

6.1.4 干旱—盐胁迫下种子引发幼苗渗透调节物质和抗氧化酶活性对根系导水率的响应

植物的渗透调节主要是促进可溶性蛋白、可溶性糖和脯氨酸的积累，维持细胞内高渗透压，水势降低有利于根系吸水（Zhang et al., 2015）。渗透调节方式和渗透调节物质因植物种类和胁迫方式不同有所差异。研究发现，碱蓬在盐渍土环境中渗透调节物质以可溶性糖为主（张海燕和范哲峰，2002），沙枣在盐胁迫中侧重选择脯氨酸作为渗透调节物质累积（成铁龙 等，2015），白刺在盐碱胁迫中可溶性蛋白含量上升明显（刘兴亮，2010），春小麦在重度水分胁迫条件下脯氨酸作为主要的渗透调节物质（王淑英 等，2013），海刀豆在干旱—盐复合胁迫条件下脯氨酸和可溶性糖的积累显著增加（金赟，2022）。本试验结果表明，干旱和干旱—盐复合胁迫条件增加了小麦幼苗可溶性糖和脯氨酸的含量来增加细胞中的溶质，以调节小麦幼苗的渗透势，盐分胁迫条件下主要以可溶性糖为主。水引发和褪黑素引发处理均增加了干旱、盐分及干旱—盐复合胁迫条件下小麦幼苗的可溶性蛋白、可溶性糖和脯氨酸含量。从图3-13d、图4-13d和图5-13d可以看出，在干旱和干旱—盐复合胁迫条件下地上部的可溶性糖与根系导水率相关性最高，盐分胁迫条件下根组织中的可溶性糖与根系导水率相关性含量最高。MDA是脂质过氧化物的产物，是量化氧化损伤程度的指标（Porcel and Ruiz-Lozano，2004）。本试验结果发现在干旱胁迫条件下，水引发和褪黑素引发处理降低了小麦幼苗MDA的含量，缓解了干旱胁迫条件下小麦幼苗的膜损伤。

为了应对非生物胁迫对植物产生的伤害，植物启动抗氧化酶系统，如

SOD、POD和CAT，它们清除过量的活性氧（ROS）并在胁迫环境中维持细胞氧化还原平衡（Szalai et al.，2009）。本试验条件下干旱和干旱—盐复合胁迫均显著增加了小麦根组织中的SOD、POD和CAT活性，与Zhang等（2021）的研究结果相似。盐分胁迫显著增加了小麦幼苗的SOD含量，与陈晓晶等（2021）的研究结果相似。SOD是清除超氧阴离子的第一道防线，但在清除超氧阴离子时，同时产生H_2O_2；POD和CAT可以将H_2O_2分解成H_2O和O_2；CAT单位μmol/（min·mg蛋白）表示为每毫克组织蛋白每分钟催化1μmol H_2O_2降解，定义为一个酶活力单位（Khan et al.，2020）。表明CAT值越低代表降解1μmol H_2O_2所需要的组织蛋白越少，反之亦然。本试验结果表明，褪黑素引发增加了小麦幼苗的SOD和CAT活性，降低了POD活性。本研究结果与Meng等（2014）的一致，他们报告表明褪黑激素促进了抗氧化酶的活性，最终清除了干旱胁迫条件下积累的过量ROS。它的几种代谢物是广谱抗氧化剂，是强自由基清除剂，简单地穿过细胞膜运输，并可在自由基猝灭后复制以保持抗氧化酶的活性（Galano et al.，2013；Venegas et al.，2012）。Khan等（2019）的研究结果表明，水引发处理增加了SOD和POD活性，降低了CAT活性，本试验得到了相似的结果。从图3-13e、图4-13e和图5-13e中可以看出SOD、CAT和MDA与根系导水率和理论根系导水率呈负相关，且这3个因素是保护酶影响根系导水率的主要因素，其解释变异率分别为95.07%、79.75%和98.79%。

6.1.5 干旱—盐胁迫下种子引发幼苗非结构碳水化合物对根系导水率的响应

非结构碳水化合物（NSC）在植株体内的代谢可以反映植物的碳供应状态，并能表征植株的生长及对外界胁迫干扰的响应。除形态学外，许多研究强调了植物非结构碳水化合物（NSC）在干旱期间的重要性（Li et al.，2020）。本试验结果表明，干旱胁迫增加了淀粉含量和蔗糖含量，降低了果糖含量；盐分胁迫条件下降低果糖、蔗糖和淀粉等非结构碳水化合物的含量；干旱—盐复合胁迫条件下增加非结构碳水化合物的含量来增加非生物胁迫条件下小麦幼苗的生存能力。经过褪黑素引发处理使小麦幼苗的淀粉含量降低，蔗糖含量显著增加。这主要是由于在干旱、盐分及干旱—盐复合胁迫条件下，植物通过将淀粉分解成可溶性糖来缓解干旱胁迫给植物带来的伤害以及为植物的代谢提供能量（卜贤盼 等，2020）。从图3-13f可以看出，干旱胁迫条件下蔗糖含量与根系导水率呈正相关，且是非结构碳水化合物影响根系导水率的主要因素；盐分和干旱—盐胁迫条件下，淀粉含量与根系导水率呈负相关，且是非结构碳水化合物中与根系导水率相关性最高的指标（图4-13f和图5-13f）。有研究表明，非生物胁迫之后植物的水力恢复与非结构碳水化合物的储存相关（Brunetti et al.，2020）。蔗糖可以作为渗透调节物质，增加细胞膨压，更有利于根系吸水（卜贤盼 等，2020）。

6.2 结论

本研究以小麦为供试作物，采用水培试验并对小麦种子进行水和褪黑素引发处理。对干旱、盐分和干旱—盐复合胁迫条件下小麦幼苗的根系参数、全氮和离子含量、渗透调节物质含量、抗氧化酶活性、非结构碳水化合物和根系导水率进行分析。主要得出以下结论。

（1）无胁迫发生时，褪黑素和水引发处理对小麦幼苗的株高、叶面积、根系参数、氮和离子含量无促进作用，但显著增加了单株根系导水率和理论根系导水率。主要因为引发处理增加了根系的导管直径，降低了根皮层厚度占根直径的比例；增加了根组织中的可溶性糖含量、蔗糖含量，平衡根组织中的渗透势，利于根系吸水；平衡了根组织的SOD、POD和CAT活性，提高了植株代谢水平。

（2）干旱胁迫条件下根系参数降低，降低了小麦幼苗地上部和根组织中的全氮和K^+含量，根组织中的SOD和CAT含量分别增加了2.2倍和2.4倍，ROS失衡，从而使单株根系导水率和理论根系导水率降低。水引发和褪黑素引发处理显著增加了冬小麦的单株根系导水率和理论根系导水率。主要因为提高了根长，增加了导管直径，降低了根皮层厚度占根直径的比例；降低了钠钾比，维持了离子平衡；增加了根组织中的可溶性糖含量、蔗糖含量，调节了渗透平衡。

（3）盐分胁迫通过降低小麦幼苗的根长、导管直径，增加根皮层厚度占根直径的比例，降低根系活力，增加根组织中的钠钾比，使小麦幼苗的单株根系导水率和理论根系导水率显著降低。水引发处理未改善盐分胁迫下的单株根系导水率和理论根系导水率。主要因为水引发未对根系的导管直径和根皮层厚度占根直径的比例产生显著影响；根组织中的可溶性蛋白、脯氨酸含量降低，渗透势未得到调节。

（4）与对照相比，干旱—盐复合胁迫使小麦幼苗的株高降低48%，根长降低98%，严重抑制了小麦幼苗的生长。根组织中的钠钾比增加了14.2倍，离子间平衡严重失调；渗透调节物质和非结构碳水化合物显著增加，未测出单株根系导水率。褪黑素引发处理使小麦幼苗的单株根系导水率和理论根系导水率恢复至0.444mL/（h·MPa）和0.441mg/（mm·kPa·s）；褪黑素引发处理使小麦幼苗的根长和导管直径分别显著增加76%、206%，根组织中的可溶性蛋白和脯氨酸含量分别增加30%和90%，POD活性降低22%；根组织中的淀粉含量降低33%，以利于根系导水率的恢复。

通过对各参数与根系导水率进行路径分析可知，小麦遭受水盐胁迫之后，根系表面积影响了根系导水率，根系导水率影响小麦地上部全氮含量，同时根系导水率影响根组织中可溶性糖含量，进而影响根组织中的钠钾比，同时钠钾比反过来影响根系表面积和单株根系导水率。水引发通过调节小麦根组织中钠钾比和脯氨酸含量来改善单株根系导水率，单株根系导水率可以调节地上部SOD活性和地上部全氮含量，地上部全氮含量影响叶面积，叶面积与根系导水率互相影响。褪黑素引发通过调节小麦地上部全氮含量调控根组织中的钾含量来改善单株根系导水率，单株根系导水率同时影响叶面积和地上部脯氨酸的含量，地上部脯氨酸含量影响地上部POD活性。

6.3 展望

本研究主要针对一个小麦品种进行褪黑素引发调控干旱—盐胁迫条件下根系导水率的生理机制进行研究。在后续的研究中可以增加不同品种小麦及小麦幼苗蒸腾效率和水通道蛋白的研究，这样更能确定在干旱、盐分及干旱—盐复合胁迫条件下调节植物水分状况的主要因素，更有针对性地在逆境条件下改善作物水分状况。

参考文献

白宝璋，金锦子，白崧，等，1994. 玉米根系活力TTC测定法的改良. 玉米科学（4）：44-47.

白燕丹，2021. 褪黑素浸种对干旱胁迫下棉花种子萌发和幼苗生长的影响. 保定：河北农业大学.

卜贤盼，纠凤凤，王锋堂，等，2020. 五唇兰对PEG模拟的干旱胁迫响应研究. 热带亚热带植物学报，28（1）：53-61.

曹荷莉，丁日升，薛富岚，等，2019. 不同水盐胁迫对番茄生长发育和产量的影响研究. 灌溉排水学报，38（2）：29-35.

陈晓晶，徐忠山，赵宝平，等，2021. 盐胁迫对燕麦根系呼吸代谢、抗氧化酶活性及产量的影响. 生态学杂志，40（9）：2773-2782.

陈晓远，罗远培，李韵珠，2003. 灌浆期复水对冬小麦根、冠生长及其相互关系的影响研究. 干旱地区农业研究（4）：73-77+87.

成铁龙，李焕勇，武海雯，等，2015. 盐胁迫下4种耐盐植物渗透调节物质积累的比较. 林业科学研究，28（6）：826-832.

代崇雯，2021. 外源缓解物质对红椿干旱胁迫的调控作用及生理机制. 重庆：西南大学.

董宏图，解超杰，侯佩臣，等，2021. 高盐胁迫下小麦幼苗离子吸收动态及耐盐性筛选. 中国生态农业学报（中英文），29（4）：762-770.

董志朋，刘项，唐玉姣，等，2016. 我国种子引发技术在作物抗旱性上的研究进展. 种子，35（10）：53-58.

付媛媛，司转运，王兴鹏，等，2023. 水盐胁迫对超高产小麦幼苗生长及根系导水率的影响. 灌溉排水学报，42（2）：16-23+31.

高立杨，刘兵，张瑞，等，2020. 褪黑素对盐碱复合胁迫下垂丝海棠光合及生理特性的影响. 甘肃农业大学学报，55（2）：90-97.

葛建坤，平盈璐，龚雪文，等，2022. 水分亏缺对温室覆膜滴灌番茄根系生长及吸水量的影响. 灌溉排水学报，41（3）：1-9.

黄莹，敖俊华，陈迪文，等，2016. 钾对水分胁迫下甘蔗幼苗生理和光合特性的影响. 中国农学通报，32（6）：49-54.

姜百惠，丁扬，苗灵凤，等，2020. 淹水和盐胁迫对降香黄檀植株生理生态特性的影响. 海南大学学报（自然科学版），38（2）：132-140.

金赟，2022. 水盐胁迫对海刀豆幼苗生长及生理特性的影响. 南宁：广西大学.

李刚，张祥池，李诚，等，2023. 不同供磷水平对小麦苗期干旱胁迫适应性的影响. 麦类作物学报，43（1）：91-101.

李国柱，2020. 盐碱土壤调理剂研究初探. 新疆农垦科技，43（12）：29-32.

李鲁华，李世清，翟军海，等，2001. 小麦根系与土壤水分胁迫关系的研究进展. 西北植物学报（1）：1-7.

李威，2019. 拔节期干旱胁迫对冬小麦光合特性、生长发育及产量影响研究. 合肥：安徽农业大学.

李星，2020. 细穗柽柳对盐胁迫与干旱胁迫的生理响应. 呼和浩特：内蒙古农业大学.

李颖华，田淑芬，马闯，等，2021. 不同葡萄品种根系解剖结构及其水力特性分析. 果树学报，38（5）：714-724.

梁文斌，聂东伶，吴思政，等，2016. 水分胁迫对短梗大参生理生化特征的影响. 经济林研究，34（3）：99-104+186.

刘彬彬，2008. 水分胁迫对玉米幼苗形态建成、生理代谢及根系吸水的影响. 杨凌：中国科学院教育部水土保持与生态环境研究中心.

刘小芳，2013. 玉米根系吸水调控机制. 杨凌：中国科学院教育部水土保持与生态环境研究中心.

刘兴亮，2010. 盐碱胁迫对白刺生理生化特性研究. 哈尔滨：东北农业大学.

刘映雪，武威，姚照胜，等，2021. 盐胁迫对作物生长的影响与监测技术研究. 中国农机化学报，42（6）：208-214.

罗孟容，2021. 两种土壤基质下干旱胁迫对栀子花生长及生理的影响. 长沙：中南林业科技大学.

马绍英，马蕾，徐勃，等，2020. 盐胁迫下根瘤共生豌豆植株对外源钙的生理响应. 应用生态学报，31（3）：969-977.

马旭辉，陈茹梅，柳小庆，等，2021. 褪黑素对玉米幼苗根系发育和抗旱性的影响[J]. 生物技术通报，37（2）：1-14.

苗含笑，李东晓，王久红，等，2020. 褪黑素对干旱胁迫下小麦生长发育和产量的影响. 干旱地区农业研究，38（5）：161-167+191.

牛晓丽，2016. 作物根系对局部供应水氮的响应及其生理机制. 杨凌：西北农林科技大学.

萨如拉，刘景辉，刘伟，等，2014. 盐碱胁迫对燕麦幼苗Na^{+}、K^{+}含量及产量的影响. 西北农业学报，23（3）：50-54.

司转运，2017. 水氮对冬小麦—夏棉花产量和水氮利用的影响. 北京：中国农业科学院.

孙文君，2021. 低温和盐碱胁迫下棉花幼苗对外源褪黑素的生理响应. 阿拉尔：塔里木大学.

孙文泰，马明，董铁，等，2021. 西北旱地苹果细根分布及水力特征对长期覆膜的响应. 生态环境学报，30（7）：1375-1385.

田彩萍，姚延梼，2011. 有机土壤对番茄形态与根部生理的影响. 天津农业科学，17（6）：113-114+120.

王冰，程宪国，2017. 干旱、高盐及低温胁迫下植物生理及转录因子的应答调控. 植物营养与肥料学报，23（6）：1565-1574.

王慧，王冬梅，张泽洲，等，2022. 外源褪黑素对干旱胁迫下黑麦草和苜蓿抗氧化能力及养分吸收的影响. 应用生态学报，33（5）：1311-1319.

王明瑶，曹亮，于奇，等，2019. 褪黑素浸种对盐碱胁迫下大豆种子萌发的影响. 作物杂志（6）：195-202.

王淑庆，2013. 黄土塬区玉米茎流特征及其影响因子的研究. 杨凌：西北农林科技大学.

王淑英，姜小凤，苏敏，等，2013. 水分胁迫对春小麦光合和渗透调节物质的影响. 麦类作物学报，33（2）：364-367.

王庭权，刘志东，曹靖，等，2015. 盐分对白刺光合作用及其叶功能性状的影响. 新疆农业科学，52（11）：2065-2075.

王周锋，张岁岐，刘小芳，2005. 玉米根系水流导度差异的生理形态原因分析. 西北植物学报（8）：1607-1611.

翁亚伟，张磊，张姗，等，2017. 盐旱复合胁迫对小麦幼苗生长和水分吸收的影响. 生态学报，37（7）：2244-2252.

吴晓菲，2013. 玉米对旱盐双重胁迫响应的代谢机制研究. 沈阳：东北大学.

夏爱，2001. 不同基因型小麦种子水分胁迫下的成苗研究. 杨凌：西北农林科技大学.
谢娟娜，路杨，房琴，等，2016. 种子引发对小麦抗盐及抗旱特性影响综述. 中国生态农业学报，24（8）：1025-1034.
胥生荣，张恩和，马瑞丽，等，2017. 干旱胁迫及复水对耐旱枸杞水力学特性的影响. 中国生态农业学报，25（8）：1190-1197.
徐建新，王潜，高阳，等，2020. 水盐胁迫对玉米茎木质部水力特性的影响. 灌溉排水学报，39（1）：45-51.
杨舒贻，陈晓阳，惠文凯，等，2016. 逆境胁迫下植物抗氧化酶系统响应研究进展. 福建农林大学学报（自然科学版），45（5）：481-489.
姚春娟，郭圣茂，马英超，等，2017. 干旱胁迫对4种决明属植物光合作用和叶绿素荧光特性的影响. 草业科学，34（9）：1880-1888.
姚露花，綦才，杨建峰，等，2022. 种子引发对甜高粱角质层蜡质及其抗性的影响. 草业学报，31（7）：185-196.
姚宁，宋利兵，刘健，等，2015. 不同生长阶段水分胁迫对旱区冬小麦生长发育和产量的影响. 中国农业科学，48（12）：2379-2389.
叶君，邓西平，王仕稳，等，2015. 干旱胁迫下褪黑素对小麦幼苗生长、光合和抗氧化特性的影响. 麦类作物学报，35（9）：1275-1283.
尹启琳，郭丁预，姜倩倩，等，2020. 干旱胁迫对不同小麦品种苗期抗旱生理指标的影响. 烟台大学学报（自然科学与工程版），33（3）：289-297.
尹赜鹏，王珍琪，齐明芳，等，2019. 外施褪黑素对盐胁迫下番茄幼苗光合功能的影响. 生态学杂志，38（2）：467-475.
于崧，张婷婷，于立河，等，2019. 盐碱胁迫对小麦种子萌发特性的影响. 黑龙江八一农垦大学学报，31（2）：20-27.
袁婕，2019. 土壤水盐对典型盐生植物冠层光谱反射特征影响研究. 乌鲁木齐：新疆大学.
臧祎娜，张德闪，李海港，等，2019. 褪黑素调控根系生长和根际互作的机制研究进展. 植物营养与肥料学报，25（4）：671-682.
张海燕，范哲峰，2002. 运城盐湖十种耐盐植物体内无机及有机溶质含量的比较研究. 生态学报（3）：352-358.
张立新，李生秀，2007. 氮、钾、甜菜碱对水分胁迫下夏玉米叶片膜脂过氧化和保护酶活性的影响. 作物学报（3）：482-490.

张立新，李生秀，2009. 长期水分胁迫下氮、钾对夏玉米叶片光合特性的影响. 植物营养与肥料学报，15（1）：82-90.

赵昊阳，朱俊杰，2023. 植物激素对盐胁迫的响应，适应及调控机制研究进展. 分子植物育种，1-22. https://kns. cnki. net/kcms2/detail/46. 1068. S. 20230724. 1431. 005. html.

赵苹羽，2019. 干旱胁迫对红花风铃木苗木生长和生理的影响. 南宁：广西大学.

AHMAD I，ZHU G L，ZHOU G S，et al.，2023. Melatonin role in plant growth and physiology under abiotic stress. International Journal of Molecular Sciences，24（10）：8756-8778.

ALAM M U，FUJITA M，NAHAR K，et al.，2022. Seed priming upregulates antioxidant defense and glyoxalase systems to conferring simulated drought tolerance in wheat seedlings. Plant Stress，6：100120.

ALI M，KAMRAN M，ABBASI G H，et al.，2021. Melatonin-induced salinity tolerance by ameliorating osmotic and oxidative stress in the seedlings of two tomato（*Solanum lycopersicum* L.）Cultivars. Journal of Plant Growth Regulation，40（5）：2236-2248.

ALTAF M A，SHAHID R，REN M X，et al.，2021. Melatonin alleviates salt damage in tomato seedling：a root architecture system，photosynthetic capacity，ion homeostasis，and antioxidant enzymes analysis. Scientia Horticulturae，285：110345.

ANTONIOU C，CHATZIMICHAIL G，XENOFONTOS R，et al.，2017. Melatonin systemically ameliorates drought stress-induced damage in Medicago sativa plants by modulating nitro-oxidative homeostasis and proline. Journal of Pineal Research，62（4）：e12401.

BAILEY-SERRES J，MITTLER R，2006. The roles of reactive oxygen species in plant cells. Plant Physiology，141（2）：311.

BASU S，GANGOPADHYAY G，MUKHERJEE B B，2002. Salt tolerance in rice *in vitro*：Implication of accumulation of Na^+，K^+ and proline. Plant Cell Tissue and Organ Culture，69（1）：55-64.

BENGOUGH A G，MCKENZIE B M，HALLETT P D，et al.，2011. Root elongation，water stress，and mechanical impedance：a review of limiting stresses and beneficial root tip traits. Journal of Experimental Botany，62（1）：

59–68.

BRAAK C J F T，1989. CANOCO — an extension of DECORANA to analyze species-environment relationships. Hydrobiologia，184（3）：169–170.

BRUNETTI C，SAVI T，NARDINI A，et al.，2020. Changes in abscisic acid content during and after drought are related to carbohydrate mobilization and hydraulic recovery in poplar stems. Tree Physiology，40（8）：1043–1057.

CANALES F J，RISPAIL N，GARCÍA-TEJERA O，et al.，2021. Drought resistance in oat involves ABA-mediated modulation of transpiration and root hydraulic conductivity. Environmental and Experimental Botany，182：104333.

CARVAJAL M，CERDA A，MARTINEZ V，2000. Does calcium ameliorate the negative effect of NaCl on melon root water transport by regulating aquaporin activity? New Phytologist，145（3）：439–447.

CHANG J Y，WANG Y，CHU J，et al.，2025. Comparative salt stress responses in two turnip cultivars：insights into ion homeostasis，osmotic regulation，and antioxidant capacity. Horticulture Environment and Biotechnology，66（3）：615–626.

CHEN Z P，XIE Y J，GU Q，et al.，2017. The AtrbohF-dependent regulation of ROS signaling is required for melatonin-induced salinity tolerance in Arabidopsis. Free Radical Biology and Medicine，108：465–477.

COCHARD H，MARTIN R，GROSS P，et al.，2000. Temperature effects on hydraulic conductance and water relations of *Quercus robur* L. Journal of Experimental Botany，51（348）：1255–1259.

COLEBROOK E H，THOMAS S G，PHILLIPS A L，et al.，2014. The role of gibberellin signalling in plant responses to abiotic stress. Journal of Experimental Biology，217（1）：67–75.

CUI F，SUI N，DUAN G，et al.，2018. Identification of metabolites and transcripts involved in salt stress and recovery in peanut. Frontiers in Plant Science，9：217.

DAI L L，LI J，HARMENS H，et al.，2020. Melatonin enhances drought resistance by regulating leaf stomatal behaviour，root growth and catalase activity in two contrasting rapeseed. Plant Physiology and Biochemistry，149：86–95.

DEL MARTÍNEZ-BALLESTA M C，SILVA C，LÓPEZ-BERENGUER C，et al.，2006. Plant aquaporins：new perspectives on water and nutrient uptake in saline environment. Plant Biology, 8 (5): 535-546.

FARINAS M D, JIMENEZ-CARRETERO D, SANCHO-KNAPIK D, et al., 2019. Instantaneous and non-destructive relative water content estimation from deep learning applied to resonant ultrasonic spectra of plant leaves. Plant Methods, 15 (1): 128.

FEDOREYEVA L I, 2019. Effect of salt stress on the expression of genes of K^+/Na^+-transporters HKT, SOD and Nfn in *Triticum durum* and *Triticum aestivum*. Theoretical and Applied Ecology (4): 123-129.

FRANKS P J, 2006. Higher rates of leaf gas exchange are associated with higher leaf hydrodynamic pressure gradients. Plant Cell and Environment, 29 (4): 584-592.

FRICKE W, BIJANZADEH E, EMAM Y, et al., 2014. Root hydraulics in salt-stressed wheat. Functional Plant Biology, 41 (4): 366-378.

GALANO A, TAN D X, REITER R J, 2013. On the free radical scavenging activities of melatonin's metabolites, AFMK and AMK. Journal of Pineal Research, 54 (3): 245-257.

GALLARDO M, EASTHAM J, GREGORY P J, et al., 1996. A comparison of plant hydraulic conductances in wheat and lupins. Journal of Experimental Botany, 47 (2): 233-239.

GAO W Y, ZHANG Y J, FENG Z, et al., 2018. Effects of Melatonin on Antioxidant Capacity in Naked Oat Seedlings under Drought Stress. Molecules, 23 (7): 1580.

GAO W, FENG Z, BAI Q, et al., 2019. Melatonin-mediated regulation of growth and antioxidant capacity in salt-tolerant naked oat under salt stress. International Journal of Molecular Sciences, 20 (5): 1176.

GHOULAM C, FOURSY A, FARES K, 2002. Effects of salt stress on growth, inorganic ions and proline accumulation in relation to osmotic adjustment in five sugar beet cultivars. Environmental and Experimental Botany, 47 (1): 39-50.

GUO X, ZHI W, FENG Y, et al., 2022. Seed priming improved salt-stressed sorghum growth by enhancing antioxidative defense. PLoS One, 17 (2): e0263036.

GUO Y, LIU Y, ZHANG Y, et al., 2021. Effects of exogenous calcium on adaptive growth, photosynthesis, ion homeostasis and phenolics of gleditsia sinensis lam. Plants under Salt Stress. Agriculture (Basel), 11 (10): 978.

HARTMANN H, MOURA C F, ANDEREGG W R L, et al., 2018. Research frontiers for improving our understanding of drought-induced tree and forest mortality. New Phytologist, 218 (1): 15-28.

HEYDECKER W, HIGGINS J, GULLIVE R, 1973. Accelerated germination by osmotic seed treatment. Nature, 246: 42-44.

HOCH G, RICHTER A, KÖRNER C, 2003. Non-structural carbon compounds in temperate forest trees. Plant Cell and Environment, 26 (7): 1067-1081.

HU J, HU X K, DUAN H R, et al., 2021. Na^+ and K^+ homeostasis is important for salinity and drought tolerance of calligonum mongolicum. Pakistan Journal of Botany, 53 (6): 1927-1934.

HUANG B, CHEN Y E, ZHAO Y Q, et al., 2019. Exogenous Melatonin Alleviates Oxidative Damages and Protects Photosystem Ⅱ in Maize Seedlings Under Drought Stress. Frontiers in Plant Science, 10: 677.

IBRAHIM M F M, ELBAR O, FARAG R, et al., 2020. Melatonin counteracts drought induced oxidative damage and stimulates growth, productivity and fruit quality properties of tomato plants. Plants (Basel), 9 (10): 1276.

JAVED A, AHMAD N, AHMED J, et al., 2022. Grain yield, chlorophyll and protein contents of elite wheat genotypes under drought stress. Journal of King Saud University Science, 34 (7): 102279.

JAVOT H, MAUREL C, 2002. The role of aquaporins in root water uptake. Annals of Botany, 90 (3): 301-313.

KANG J J, ZHAO W Z, SU P X, et al., 2014. Sodium (Na^+) and silicon (Si) coexistence promotes growth and enhances drought resistance of the succulent xerophyte Haloxylon ammodendron. Soil Science and Plant Nutrition, 60 (5): 659-669.

KAZAN K, 2015. Diverse roles of jasmonates and ethylene in abiotic stress tolerance. Trends in Plant Science, 20 (4): 219-229.

KHAN A, NUMAN M, KHAN A L, et al., 2020. Melatonin: awakening the defense mechanisms during plant oxidative stress. Plants, 9 (4): 407.

KHAN M N, LI Y, KHAN Z, et al., 2021. Nanoceria seed priming enhanced salt tolerance in rapeseed through modulating ROS homeostasis and α-amylase activities. Journal of Nanobiotechnology，19（1）：276.

KHAN M N，ZHANG J，LUO T，et al.，2019. Seed priming with melatonin coping drought stress in rapeseed by regulating reactive oxygen species detoxification：antioxidant defense system，osmotic adjustment，stomatal traits and chloroplast ultrastructure perseveration. Industria Grops and Products，140：111-597.

LAMA S，LEIVA F，VALLENBACK P，et al.，2023. Impacts of heat，drought，and combined heat-drought stress on yield，phenotypic traits，and gluten protein traits：capturing stability of spring wheat in excessive environments. Frontiers in Plant Science，14：1179701.

LI Q，ZHAO M，WANG N，et al.，2020. Water use strategies and drought intensity define the relative contributions of hydraulic failure and carbohydrate depletion during seedling mortality. Plant Physiology and Biochemistry，153：106-118.

LI Y，XU H，COHEN S，2005. Long-term hydraulic acclimation to soil texture and radiation load in cotton. Plant Cell and Environment，28（4）：492-499.

LIANG D，NI Z Y，XIA H，et al.，2019. Exogenous melatonin promotes biomass accumulation and photosynthesis of kiwifruit seedlings under drought stress. Scientia Horticulturae，246：34-43.

LIU J L，WANG W X，WANG L Y，et al.，2015. Exogenous melatonin improves seedling health index and drought tolerance in tomato. Plant Growth Regulation，77（3）：317-326.

LIU K，JING T T，WANG Y A，et al.，2022. Melatonin delays leaf senescence and improves cucumber yield by modulating chlorophyll degradation and photoinhibition of PS Ⅱ and PSI. Environmental and Experimental Botany，200：104915.

LIU T，STADEN J V，2000. Selection and characterization of sodium chloride-tolerant callus of *Glycine max*（L.）Merr cv. Acme. Plant Growth Regulation，31（3）：195-207.

LOU Q，CHEN L，MEI H，et al.，2017. Root Transcriptomic analysis revealing the importance of energy metabolism to the development of deep roots in rice

(*Oryza sativa* L.) . Frontiers in Plant Science, 8: 1314.

MARKHART A H, FISCUS E L, NAYLOR A W, et al., 1979. Effect of abscisic Acid on root hydraulic conductivity. Plant Physiology, 64 (4) : 611–614.

MAUREL C, SIMONNEAU T, SUTKA M, 2010. The significance of roots as hydraulic rheostats. Journal of Experimental Botany, 61 (12) : 3191–3198.

MENG J F, XU T F, WANG Z Z, et al., 2014. The ameliorative effects of exogenous melatonin on grape cuttings under water-deficient stress: antioxidant metabolites, leaf anatomy, and chloroplast morphology. Journal of Pineal Research, 57 (2) : 200–212.

MIRANDA M T, ESPINOZA-NUNEZ E, SILVA S F, et al., 2022. Water stress signaling and hydraulic traits in three congeneric citrus species under water deficit. Plant Science, 319: 111255.

MUCCIFORA S, CASTILLO-MICHEL H, BARBIERI F, et al., 2021. Synchrotron radiation spectroscopy and transmission electron microscopy techniques to evaluate TiO_2 NPs incorporation, speciation, and impact on root cells ultrastructure of *Pisum sativum* L. plants. Nanomaterials, 11 (4) : 921.

NEDJIMI B, 2009. Salt tolerance strategies of *Lygeum spartum* L. : a new fodder crop for Algerian saline steppes. Flora-Morphology, Distribution, Functional Ecology of Plants, 204 (10) : 747–754.

NEDJIMI B, 2014. Effects of salinity on growth, membrane permeability and root hydraulic conductivity in three saltbush species. Biochemical Systematics and Ecology, 52: 4–13.

NIU J P, CHEN Z, GUO Z P, et al., 2022. Exogenous melatonin promotes the growth of alfalfa (*Medicago sativa* L.) under NaCl stress through multiple pathways. Ecotoxicology and Environmental Safety, 242: 113938.

O'BRIEN M J, BURSLEM D, CADUFF A, et al., 2015. Contrasting nonstructural carbohydrate dynamics of tropical tree seedlings under water deficit and variability. New Phytologist, 205 (3) : 1083–1094.

PESKIN A V, WINTERBOURN C C, 2000. A microtiter plate assay for superoxide dismutase using a water-soluble tetrazolium salt (WST-1) . Clinica Chimica Acta, 293 (1–2) : 157–166.

PORCEL R, RUIZ-LOZANO J M, 2004. Arbuscular mycorrhizal influence on leaf water potential, solute accumulation, and oxidative stress in soybean plants subjected to drought stress. Journal of Experimental Botany, 55 (403): 1743-1750.

PUSTOVOITOVA T N, ZHDANOVA N E, ZHOLKEVICH V N, 2004. Changes in the levels of IAA and ABA in cucumber leaves under progressive soil drought. Russian Journal of Plant Physiology, 51 (4): 513-517.

SADAK M S, ABDALLA A M, ELHAMID E M A, et al., 2020. Role of melatonin in improving growth, yield quantity and quality of *Moringa oleifera* L. plant under drought stress. Bulletin of the National Research Centre, 44 (1): 1-13.

SCHWARTZ A, WU W H, Assmann T S M, et al., 1994. Inhibition of inward K^+ channels and stomatal response by abscisic acid: an intracellular locus of phytohormone action. Proceedings of the National Academy of Sciences, 91 (9): 4019-4023.

SHARP R E, SILK W K, HSIAO T C, 1988. Growth of the maize primary root at low water potentials: I. Spatial distribution of expansive growth. Plant Physiology, 87 (1): 50-57.

SHI H, YE T, ZHONG B, et al., 2014. Comparative proteomic and metabolomic analyses reveal mechanisms of improved cold stress tolerance in bermudagrass (*Cynodon dactylon* (L.) Pers.) by exogenous calcium. Journal of Integrative Plant Biology 56 (11): 1064-1079.

SIDDIQUI M H, ALAMRI S, AL-KHAISHANY M Y, et al., 2019. Exogenous melatonin counteracts NaCl-induced damage by regulating the antioxidant system, proline and carbohydrates metabolism in tomato seedlings. International Journal of Molecular Sciences, 20 (2): 353.

SIMA Y H, YAO J M, HOU Y S, et al., 2011. Variations of hydrogen peroxide and catalase expression in Bombyx eggs during diapause initiation and termination. Archives of Insect Biochemistry and Physiology, 77 (2): 72-80.

STEUDLE E, 2000. Water uptake by roots: effects of water deficit. Journal of Experimental Botany, 51 (350): 1531-1542.

SUKU S, KNIPFER T, FRICKE W, 2014. Do root hydraulic properties change during the early vegetative stage of plant development in barley (*Hordeum vulgare*）? Annals of Botany，113（3）：385–402.

SZALAI G，KELLS T，GALIBA G，2009. Glutathione as an antioxidant and regulatory molecule in plants under abiotic stress conditions. Journal of Plant Growth Regulation（28）：66–80.

TURHAN E，KIRAN S，ATES C，et al.，2020. Ameliorative effects of inoculation with Serratia marcescens and grafting on growth of eggplant seedlings under salt stress. Journal of Plant Nutrition，43（4）：594–603.

TURK H，ERDAL S，GENISEL M，et al.，2014. The regulatory effect of melatonin on physiological，biochemical and molecular parameters in cold-stressed wheat seedlings. Plant Growth Regulation，74（2）：139–152.

TYREE M T，EWERS F W，1991. The hydraulic architecture of trees and other woody plants. New Phytologist，119（3）：345–360.

VANDELEUR R K，MAYO G，SHELDEN M C，et al.，2009. The role of plasma membrane intrinsic protein aquaporins in water transport through roots：diurnal and drought stress responses reveal different strategies between isohydric and anisohydric cultivars of grapevine. Plant Physiology，149（1）：445–460.

VENEGAS C，GARCIA J A，ESCAMES G，et al.，2012. Extrapineal melatonin：analysis of its subcellular distribution and daily fluctuations. Journal of Pineal Research，52（2）：217–227.

VESELOVA S V，FARHUTDINOV R G，VESELOV S Y，et al.，2005. The effect of root cooling on hormone content，leaf conductance and root hydraulic conductivity of durum wheat seedlings（*Triticum durum* L.）. Journal of Plant Physiology，162（1）：21–26.

VITALI V，SUTKA M，OJEDA L，et al.，2021. Root hydraulics adjustment is governed by a dominant cell-to-cell pathway in *Beta vulgaris* seedlings exposed to salt stress. Plant Science，306：110873.

WANG L，WANG Y，WANG X，et al.，2014. Regulation of POD activity by pelargonidin during vegetative growth in radish（*Raphanus sativus* L.）. Scientia Horticulturae，174：105–111.

WANG W，YANG X，ZHANG S，et al.，2013. The root cortex cell hydraulic conductivity is enhanced with increasing chromosome ploidy in wheat. Plant Physiology and Biochemistry，68：37–43.

WANG Y, SHEN W, CHAN Z, et al., 2015. Endogenous cytokinin overproduction modulates ros homeostasis and decreases salt stress resistance in *Arabidopsis thaliana*. Frontiers in Plant Science, 6: 1004.

WANG Z, WEI Y, ZHAO Y, et al., 2022. Physiological and transcriptional evaluation of sweet sorghum seedlings in response to single and combined drought and salinity stress. South African Journal of Botany, 146: 459–471.

WENSUO J, YOUQUN W, SHUQIU Z, et al., 2002. Salt-stress-induced ABA accumulation is more sensitively triggered in roots than in shoots. Journal of Experimental Botany, 378: 2201–2206.

XIA H, NI Z Y, HU R P, et al., 2020a. Melatonin alleviates drought stress by a non-enzymatic and enzymatic antioxidative system in kiwifruit seedlings. International Journal of Molecular Sciences, 21 (3): 852.

XIA H, SHEN Y Q, SHEN T, et al., 2020b. Melatonin accumulation in sweet cherry and its influence on fruit quality and antioxidant properties. Molecules, 25 (3): 753.

XIE Z Z, JIN L, SUN Y, et al., 2024. OsNAC120 balances plant growth and drought tolerance by integrating GA and ABA signaling in rice. Plant Communications, 5 (3): 100782.

XU D, CHEN C, ZHOU F, et al., 2022. Vacuum packaging and ascorbic acid synergistically maintain the quality and flavor of fresh-cut potatoes. LWT, 162: 113356.

XU W B, LI M M, LIN W H, et al., 2021. Effects of epichloe sinensis endophyte and host ecotype on physiology of festuca sinensis under different soil moisture conditions. Plants, 10 (8): 1649.

YAN F Y, WEI H M, LI W W, et al., 2020. Melatonin improves K^+ and Na^+ homeostasis in rice under salt stress by mediated nitric oxide. Ecotoxicology and Environmental Safety, 206: 111358.

YAO T T, DING C J, CHE Y H, et al., 2023. Heterologous expression of Zygophyllum xanthoxylon zinc finger protein gene (ZxZF) enhances the tolerance of poplar photosynthetic function to drought stress. Plant Physiology and Biochemistry, 199: 107748.

YU L Y, GAO X D, ZHAO X N, 2020a. Global synthesis of the impact of droughts on crops'water-use efficiency（WUE）：towards both high WUE and productivity. Agricultural Systems，177：102723.

YU Z P，DUAN X B，LUO L，et al.，2020b. How plant hormones mediate salt stress responses. Trends in Plant Science，25（11）：1117–1130.

ZAREEN S，ALI A，YUN D J，2024. Significance of ABA biosynthesis in plant adaptation to drought stress. Journal of Plant Biology，67（3）：175–184.

ZHANG L，YAN M，REN Y，et al.，2021. Zinc regulates the hydraulic response of maize root under water stress conditions. Plant Physiology and Biochemistry，159：123–134.

ZHANG N，SUN Q，ZHANG H，et al.，2015. Roles of melatonin in abiotic stress resistance in plants. Journal of Experimental Botany，66（3）：647–656.

ZHANG N，ZHAO B，ZHANG H J，et al.，2013. Melatonin promotes water-stress tolerance，lateral root formation，and seed germination in cucumber（*Cucumis sativus* L.）. Journal of Pineal Research，54（1）：15–23.

ZHAO C Z，ZHANG H，SONG C P，et al.，2020. Mechanisms of plant responses and adaptation to soil salinity. Innovation，1（1）：100456.

ZHAO S S，ZHANG Q K，LIU M Y，et al.，2021. Regulation of plant responses to salt stress. International Journal of Molecular Sciences，22（9）：4609.

ZHOU H P，SHI H F，YANG Y Q，et al.，2024. Insights into plant salt stress signaling and tolerance. Journal of Genetics and Genomics，51（1）：16–34.

ZHOU X T，ZHAO H L，CAO K，et al.，2016a. Beneficial roles of melatonin on redox regulation of photosynthetic electron transport and synthesis of D1 protein in tomato seedlings under salt stress. Frontiers in Plant Science，7：787.

ZHOU Y F，WANG D Q，WANG N，et al.，2016b. Involvement of endogenous abscisic acid and cytokinin in photosynthetic performance of different stay green inbred lines of maize under drought. International Journal of Agriculture and Biology，18（5）：1067–1074.